基层水文业务技术手册

江苏省骆运水利工程管理处 编

河海大学出版社
HOHAI UNIVERSITY PRESS

图书在版编目(CIP)数据

基层水文业务技术手册 / 江苏省骆运水利工程管理处编. -- 南京 ：河海大学出版社，2018.12(2019.5 重印)

ISBN 978-7-5630-5796-2

Ⅰ. ①基… Ⅱ. ①江… Ⅲ. ①水文工作—技术手册 Ⅳ. ①P33-62

中国版本图书馆 CIP 数据核字(2018)第 288540 号

书　　名 基层水文业务技术手册
书　　号 ISBN 978-7-5630-5796-2
责任编辑 曾雪梅
特约校对 薄小奇
封面设计 黄煜
出版发行 河海大学出版社
地　　址 南京市西康路1号(邮编:210098)
电　　话 (025)83737852(总编室)
(025)83722833(营销部)
(025)83787103(编辑室)
经　　销 江苏省新华发行集团有限公司
排　　版 南京布克文化发展有限公司
印　　刷 虎彩印艺股份有限公司
开　　本 787 毫米×1092 毫米　1/16
印　　张 11.5
字　　数 205 千字
版　　次 2018 年 12 月第 1 版　2019 年 5 月第 2 次印刷
定　　价 89.00 元

编写委员会

主　　审：周元斌　赵天昌

主　　编：李太民　马余良

编写人员：赵天昌　张　浩　徐川源　许　攀
王　渠　赵一晗　周　军　吕鸿燕
程　洁　马贤烨　朱　斌　陈纪芳

江苏省骆运水利工程管理处简介

江苏省骆运水利工程管理处是 1985 年 8 月由江苏省骆马湖控制工程管理处与江苏省第三抗旱排涝队合并组建而成，隶属江苏省水利厅，处机关坐落于宿迁市区古黄河畔，主要管理泗阳站、泗阳二站、刘老涧站、皂河站、沙集站等五座大型泵站和泗阳闸、黄墩湖滞洪闸、皂河闸、刘老涧节制闸、刘老涧新闸、沙集闸、六塘河闸、洋河滩闸、房亭河地涵、新邳洪河闸等十座大中型涵闸；承担 2.1 km 邳洪河大堤的管理维护。本处共有大型抽水机组 19 台套，位于南水北调第四、五、六梯级站，淮水北调第一、二、三梯级站，总装机容量 54 400 kW，抽水流量 666 m^3/s；所属十座涵闸与嶂山闸、宿迁闸等共同构成骆马湖、中运河防洪体系。本处拥有一支国家级防汛机动抢险队，配备 485 台套流动抗排机组及一大批防汛抢险设备。

骆运管理处还承担着江苏省骆马湖联防指挥部办公室的日常工作；承担江苏省骆马湖管理与保护联席会议办公室的日常工作，受水利厅委托行使骆马湖、微山湖（江苏境内）的湖泊管理与保护职能；自 2008 年 7 月开始，受江苏省水源有限责任公司委托，承担南水北调泗阳站（部分）、刘老涧二站、皂河二站、睢宁二站、蔺家坝站的管理工作，调水流量 405 m^3/s。所属工程在防洪、排涝、灌溉、供水、发电、航运、改善生态环境及保障人民生命财产安全和促进经济社会发展等方面发挥了重大作用。

前言

基层水文业务手册是指导基层水文测验人员科学、快速、准确地开展水文测报工作的工具书。

江苏省骆运水利工程管理处管理着国家基本水文站 8 个、水位站 1 个、雨量站 5 个、蒸发场 1 处，另外还负责分设在我处江水北调或淮水北调的 5 个抽水站及黄墩湖滞洪区的 4 个泄洪闸的巡测任务。我处根据多年水文现代化管理探索的经验，结合本站区特点，援引水文行业相关技术规范、补充规定等，编制了具有江苏基层水文行业特色的业务手册，并在本处所属各测站广泛运用推广，有力推动了我处水文管理标准化、规范化、精细化建设。

本书分为水文测验、水文情报与遥测管理两大部分，基本涵盖了我处水文工作中的测报任务，包括水位、流量、悬移质泥沙、降水量、蒸发量、资料整编、水文测量、水文巡测、水文情报、水文遥测等内容，凝聚了我处水文技术人员的心血，也得到了其他兄弟单位同仁的大力支持，在此一并表示感谢。

本书内容编写仅立足于江苏省骆运水利工程管理处现有水文测站特性，不能完全覆盖整个水文行业，需在今后使用过程中不断总结完善，欢迎同行和读者不吝雅正。

江苏省骆运水利工程管理处

2018 年 12 月

目录

第一部分　水文测验

第二部分　水文情报与遥测管理

第一部分　水文测验

第 1 章　水位观测

水位是反映水体、水流变化的重要标志，是水文测验中最基本的观测要素，是掌握河湖水势变化情况和进行水文预报的依据，同时也是推算其他水文要素并掌握其变化过程的间接资料。水位观测资料是防汛防旱决策的重要依据，也可以直接应用于堤防、水库、泵站、电站、堰闸、航道、桥梁等工程的规划、设计、施工等。

1.1　基本概念

1.1.1　水位

水位是指河流或其他水体(如湖泊、水库、沼泽等)的自由水面相对于某一基面的高程，其单位以 m 表示，一般记至 0.01 m。

1.1.2　基面

水位一般以一个基本水准面为起始面，这个基本水准面又称为基面。由于基本水准面的选择不同，其高程也不同。在水文测验中使用的基面有绝对基面、假定基面、测站基面、冻结基面等。

1. 绝对基面

以某一海滨地点的多年平均海平面的高程定义为零的水准基面，称为绝对基面。目前我国采用的标准基面是 1985 国家高程基准。

我国曾使用和目前仍在使用的绝对基面有大连、大沽、黄海、废黄河口、吴淞、珠江等基面。若将水文测站的基本水准点与国家水准网所设的水准点接测后，则该站的水准点高程就可以用某一绝对基面以上的高程数来表示。

2. 假定基面

若水文测站附近没有国家水准网，其水准点高程暂时无法与全流域统一引据的某一绝对基面高程相连接，可以暂时假定一个水准基面，作为本站水位或高程起算的基准面。

3. 测站基面

测站基面是假定基面的一种，一般将其确定在测站河床最低点以下 0.5～1.0 m 的水平面上，对水深较大的河流，可选在历年最低水位以下 0.5～1.0 m 的水面作为测站基面。

4. 冻结基面

冻结基面是水文测站首次使用某种基面后，将其高程固定下来的基面。冻结基面是水文测站专用的一种固定基面。使用冻结基面的优点是使测站的水位资料与历史资料相连续。

1.2 观测设备

1.2.1 设施设备

水位观测设施主要包括水尺和水位自记平台。

水尺分为直立式、矮桩式或倾斜式等形式，选择水尺形式时，应优先选用直立式水尺(图 1-1)。

图 1-1 直立式水尺

水位自记平台是自记水位计的安装保护设施，主要包括测井、仪器房、栈桥及支架等附属设施。

测站应根据水位观测的任务、要求及河流特性、河道地形、河床组成、断面形状或河岸地貌以及水位或潮水位变幅、涨落率、泥沙等情况，选择合适的自记水位计。常用的自记水位计有浮子式(图 1-2)、压力式[投入式(图 1-3)、气泡式]、雷达式(图 1-4)、超声波式等形式。

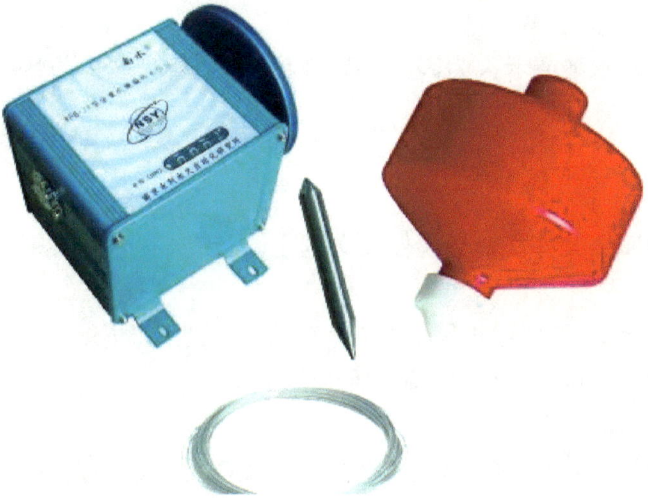

图 1-2　浮子式水位计

图 1-3　压力水位计(投入式)

图 1-4　雷达式水位计

1.2.2 设施设备保养

1.2.2.1 水尺

1. 保持水尺表面清洁、刻度清晰，如水尺表面出现裂痕、破损等现象应及时更换。

2. 当水尺无法正常观测水位时，应另设临时水尺进行水位观测，并做好两支水尺零点高程的比测工作。

3. 当遇特殊水情或者人为因素导致水尺发生倾斜、破损的情况时，应及时对水尺进行修复。

1.2.2.2 水位自记平台

1. 为保障职工人身安全和仪器设备的正常运转，应采取必须的防雷击、防触电等措施。

2. 地面砖污损、门窗破损等情况发生时应及时进行维修。

3. 定期清扫水位自记台，保持台面整洁。

4. 保持仪器清洁卫生、摆放整齐。

5. 测井有淤积，进水管管口有漂浮物、淤泥时，要及时进行清淤，防止浮子水位计出现测记水位卡顿现象。

6. 定期检查栈桥桥面有无裂缝，护栏有无破损，油漆是否脱落等情况，如有应及时进行维修。

1.2.2.3 浮子式水位计

1. 定期检查浮子的气密性，出现漏气现象时应及时更换；对金属浮子，要注意它的锈蚀情况，必要时应涂油漆防蚀。

2. 定期检查悬索与浮子、平衡锤的连接是否牢固，悬索是否顺直、有无相互缠绕等情况。

3. 定期检查水位轮的固定情况，确保水位轮槽洁净，且无油污。

4. 经常检查悬索与机械传动滑轮有无打滑现象，发现打滑、松动时应适度松紧定位螺丝帽。

5. 定期检查悬索与安装平台的接触情况，避免悬索碰擦过线孔边缘。

1.2.2.4 超声波水位计

1. 定期检查换能器和天线的安装牢固性和方向准确性，注意保证仪器的使用环境符合要求。

2. 检查电缆的工作状况和保护状况，检查连接是否可靠。

3. 及时清理覆盖在设备上的杂物。

1.2.2.5 雷达水位计

1. 定期检查微波波束角范围内有无阻挡。

2. 检查电缆的工作状况和保护状况，检查连接是否可靠。

3. 定期检查微波发射处有无鸟类粪便或昆虫覆盖，若有则应及时清理。

1.2.2.6 压力式水位计

1. 投入式压力水位计使用过程中没有特别的维护要求，主要维护工作是检测调整水位准确度。平时维护需要注意如下事项。

1）通气防水电缆在任何情况下都不可承受重压，不可接触锋利物体，严防防护层破损。现场安装后，不能有随水流、波浪产生移动的现象。通气电缆和压力传感器连接部位不可承受重力、拉力。通气管要始终畅通，且不能进水；弯曲通气防水电缆时，必须使拐角处呈圆弧状。

2）岸上信号传输电缆不能重压、重拉。它要始终处于接地屏蔽内或避雷装置的保护区域内。

3）寒冷天水面结冰，已置于水面下的压力传感器可正常运行，但此时不要轻易将其提出水面，以防传感器冰冻造成损坏。

4）如温度变化过大（气温变化±20℃，水温变化±10℃），要及时比测。

2. 气泡式水位计使用过程中最重要的维护是保证供气和吹气系统的正常运转。平时维护需要注意如下事项：

1）整个吹气引压系统中的阀门、接头、仪表等要定期检查，确保不漏气。

2）要始终保证高压气瓶的供气气压大于需测量的最大静水压强，至少大 4～5 m 水头。

3）使用空气除湿过滤装置的仪器，要定期更换或烘干干燥剂。

1.3 观测方法及要求

1.3.1 人工观测

1.3.1.1 一般规定

1. 当遥测水位正常时，使用遥测水位计记录水位，每周人工校测 3 次；当遥测设备出现故障，一时难以修复时应及时改用人工观测。

2. 每日 8 时、20 时定时观测，洪水及水位变化较大时应增加测次，以观测到完整的水位变化过程为准。

3. 水位宜读记至 1 cm。当上、下比降断面的水位差小于 0.2 m 时，比降水位应读记至 0.5 cm；时间应记录至 1 min。

4. 观测段次应根据河流特征及水位涨落变化情况合理分布，以测到完整的水位变化过程，满足日平均水位计算、各项特征值统计、水文资料整编和水情拍报的要求为原则。在峰顶、峰谷及水位变化过程转折处应布有测次；水位涨落急剧时，应加密测次。

5. 当水位的涨落需要换水尺观测时，应对两支相邻水尺同时比测一次。换尺频繁时期，当能确定水尺零点高程无变动时，每次换尺可不比测。当比测的水位差不超过 2 cm 时，以平均值作为观测的水位。当比测的水位差超过 2 cm 时，应查明原因或校测水尺零点高程。当能判明某支水尺观测不准确时，可选用较准确的那支水尺读数计算水位，并应在未选用的记录数值外加一圆括号。

6. 观测人员应携带观测记载簿准时测记水位，不可提前记、追记、涂改、套改、擦改和伪造数据。

1.3.1.2 河道站的水位观测

1. 基本水尺水位的观测次数要求

1）水位平稳时，每日 8 时观测一次。稳定封冻期没有冰塞现象且水位平稳时，可每 2～5 日观测一次，但月初、月末这两天应观测。

2）水位变化缓慢时，每日应在 8 时、20 时各观测一次，冬季或枯水期 20 时观测确有困难的站，经主管领导机关批准，可提前至其他时间观测。

3）水位变化较大或出现较缓慢的峰谷时，每日 2 时、8 时、14 时、20 时各观测一次。

4）洪水期或水位变化急剧时期，应每1～6小时观测一次，暴涨暴落时，应根据需要增为每半小时或若干分钟观测一次，以能测得各次峰、谷和完整的水位变化过程为原则。

5）结冰、流冰和发生冰凌堆积、冰塞的时期应增加测次，以能测得完整的水位变化过程为原则。

6）结冰河流在封冻和解冻初期，出现冰凌堵塞，且堵、溃变化频繁的测站，应按本条第4)款的规定观测。

7）枯水期使用临时断面水位推算流量的小河站，当基本水尺水位无独立使用价值时，可在此期间停测。

8）当上下游受人类活动影响或因分洪、决口而造成水位变化急剧时，应及时增加观测次数。

2. 比降水尺水位的观测要求

1）受变动回水影响，需要比降资料作为推算流量辅助资料的测站，应在测流和定时观测基本水尺水位的同时，观测比降水尺水位。

2）需要取得河床糙率资料时，应在测流的开始和终了观测比降水尺水位。

3）采用比降面积法推流的测站，应按流量测次的要求观测比降水尺水位，并同时观测基本水尺水位。

4）当比降资料用于其他目的时，其测次应根据收集资料的目的合理安排。

5）比降水尺水位宜由两名观测员同时观测。水位变化缓慢时，也可由一人观测，观测步骤应为：先观读上(或下)比降水尺读数，后观读下(或上)比降水尺读数，再返回观读一次上(或下)比降水尺读数，取上(或下)比降水尺的均值作为与下(或上)比降水尺的同时水位计算比降。往与返的时间应基本相等。

3. 畅流期水位观测方法

1）水面平稳时，直接读取水面截于水尺上的读数；有波浪时，应读记波浪峰、谷两个读数的均值。

2）采用矮桩式水尺时，测尺应垂直放在桩顶固定点上观读。当水面低于桩顶且下部未设水尺时，应将测尺底部触及水面，读取与桩顶固定点齐平的读数，并应在记录的数字前加负号。

3）采用悬锤式或测针式水位计时，应使悬锤或测针恰抵水面，读取固定点至水面的高度，并应在记录的数字前加负号。

4. 冰期水位观测方法

1）封冻期观测水位，应将水尺周围的冰层打开，捞除碎冰，待水面平静后观读自由水面的水位。

2）打开冰孔后，当水面起伏不息时，应测记平均水位；当自由水面低于冰层底面时，应按畅流期水位观测方法观测；当水从孔中冒出向冰上四面溢流时，应待水面回落平稳后观测；当水面不能回落时，可筑冰堰，待水面平稳后观测或避开流水处另设新水尺进行观测。

3）当发生全断面冰上流水时，应将冰层打开，观测自由水面的水位，并量取冰上水深，当水下已冻实时，可直接观读冰上水位。

4）当出现层冰层水时，应将各个冰层逐一打开，然后再观测自由水面的水位。当上述情况只是断面上的局部现象时，应避开这些地点重新凿孔，设尺观测。

5）当水尺处冻实时，应向河心方向另打冰孔，找出流水位置，增设水尺进行观测；当全断面冻实时，可停测，记录冻实时间。

6）当出现本条第 2 款至第 5 款所述冰情时，应在水位记载簿中注明冰情状况。

1.3.1.3 水库、湖泊、堰闸站的水位观测

1. 水库库区站基本水尺水位的观测次数，应按河道站的要求布置，并应在水库涵闸放水和洪水入库以及水库泄洪时，根据水位变化情况加密测次。水库坝下站基本水尺水位的测次，应按河道站的要求布置，并应在水库泄洪开始和泄洪终止前、后加密测次。

2. 湖泊水位站的测次可按河道站的规定布置。

3. 堰闸上、下游基本水尺水位应同时观测，测次应按河道站的要求布置，并应在每次闸门变动前后加密测次。

4. 用堰闸测流的测站，在观测水位的同时应观测闸门的开启高度、孔数及流态，并应符合下列规定：

1）应分别记载各闸孔的编号及垂直开启高度。当各孔流态一致而开启高度不一致时，可计算其平均开启高度。各孔宽度相同时，应采用算术平均法计算；各孔宽度不相同时，应采用宽度加权平均法计算。

2）闸门开启高度读记至 1 cm，当闸门提出水面后，仅记“提出水面”。

3）弧形闸门开启高度应换算成垂直高度。

4）当闸门开启高度用悬吊闸门的钢丝绳收放长度计算时，应对关闸时钢丝绳松弛所造成的读数误差进行修正。

5）叠梁式闸门应测记堰顶高程，当有多个闸孔时，应计算平均堰顶高程。各

孔宽度相同时，应采用算术平均法计算；各孔宽度不相同时，应采用宽度加权平均法计算。

6）堰闸出流的流态分为自由式堰流、自由式孔流、淹没式堰流、淹没式孔流和半淹没式孔流，流态记载可分别用“自堰”“自孔”“淹堰”“淹孔”“半淹孔”表示。

7）流态识别一般采用目测。不易识别时，可按水力学方法计算确定。

1.3.2 自动监测

1.3.2.1 自记水位计比测

1. 对新安装的自记水位计或在改变仪器类型时应进行比测。比测合格后，方可正式使用。

2. 比测时，可按水位变幅分几个测段分别进行，每段比测次数应在 30 次以上。

3. 比测结果应符合下列规定：

1）一般水位站，置信水平 95%的综合不确定度为 3 cm，系统误差为±1 cm；波浪问题突出的近海地区水位站，综合不确定度可放宽至 5 cm。

2）机械钟的每日走时误差不应超过±5 min，石英钟的每日走时误差不应超过±0.5 min。

4. 在比测合格的水位变幅内，自记水位计可正式使用，比测资料可作为正式资料留存。

5. 不具备比测条件的无人值守站可只进行校测。

1.3.2.2 自记水位计校测

1. 自记水位计的校测应定期或不定期进行，校测频次可根据仪器稳定程度、水位涨落率和巡测条件等确定。每次校测时，应记录校测时间、校测水位值、自记水位值、是否重新设置水位初始值等信息，作为水位资料整编的依据。

2. 自记水位计的校测可选用下列方法：

1）设有水尺的自动监测站，可采用水尺观测值进行校测。

2）未设置水尺的自动监测站，可采用水准测量的方法进行校测。

3. 当校测水位与自记水位系统偏差超出±2 cm 范围时，应经确认后重新设置水位初始值。

1.4 误差控制

1.4.1 人工观测水位误差控制

1. 观测水位时，身体应蹲下，使视线尽量与水面平行，减少折光产生的误差。

2. 受风浪或船闸等影响较大时，可利用水面的暂时平静进行观读或者读取峰顶、谷底水位，采取多次观读，取其平均值。

3. 当水尺水位受阻水影响时，应尽可能先排除阻水因素，再进行观测。

4. 观测用的时钟应及时校对，以减少时钟走时误差。

1.4.2 自记水位误差控制

1. 水位传感器误差控制

1）安装使用前可采用室内标定的方式进行参数率定。

2）运行期间应按 1.3.2.2 的规定进行人工校测。

2. 水位初始值设置误差控制

1）对采用人工观测水位进行水位初始值设置的测站，宜选择水位较为平稳、波浪较小等时机进行人工观测，并采用多次观测的平均值进行初始值设置。

2）对采用设备固定点高程进行初始值设置的测站，应定期校测。

3）对水位初始值误差超出规定范围的水位监测过程，根据《水位观测标准》(GB/T 50138—2010)规范进行初始值订正。

3. 对时误差控制

1）定期对时。

2）定时误差超出规定，根据《水位观测标准》(GB/T 50138—2010)规范进行时间订正。

4. 水位波动误差控制

1）可采用短时段内多次采样的平均值作为水位值。

2）对不支持短时段内多次采样平均值的测站，可对水位过程线进行适当平滑、滤波。

5. 校核水尺水位的不确定度应控制在 1.0 cm 以内。

第 2 章　流量测验

流量是反映水资源和江河、湖泊、水库等水体水量变化的基本数据，也是河流最重要的水文特征值。流量测验的目的是取得天然河流以及经水利工程调节控制后的各种径流资料，掌握江河流量变化规律，为流域水利规划、防汛防旱、水利工程管理运用和国民经济建设提供可靠的依据。

2.1　基本概念

2.1.1　流量

流量是单位时间内流过江河某一横断面的水量，单位为 m^3/s。

2.1.2　测流方法分类

测流方法很多，按其工作原理，可分为下列几种类型。

1. 流速面积法

流速面积法是通过实测断面上的流速和过水断面面积来推求流量的一种方法。常用的有流速仪测流法、声学多普勒流速剖面仪法、浮标测流法、雷达测流等。

2. 水力学法

水力学法是指通过测量水力因素，并选用适当的水力学公式计算出流量的方法。包括量水建筑物测流、水工建筑物测流、比降面积法等。

3. 化学法

化学法又称溶液法、稀释法、混合法等。该法是根据物质不灭原理，选择一种适合于该水流的示踪剂，在测验河段的上断面将已知一定浓度量的指示剂注入河水中，在下游取样断面测定稀释后的示踪剂浓度或稀释比，由于经水流扩散充分混合后稀释的浓度与水流的流量成正比，由此可推算出流量。

4. 直接法

直接法是指直接测量流过某断面水体的容积(体积)或重量的方法。容积法和重量法都属于直接测量流量的方法,适用于流量极小的山涧小沟和实验室模型测流。

实际测流时,在保证资料精度和测验安全的前提下,可根据具体情况,因时因地选用不同的测流方法。

2.1.3 测站精度类别划分及测次布置

1. 测站精度类别划分

基本水文站的精度类别应按表 2-1 的规定划分为三类。

表 2-1 水文站精度类别划分标准

精度类别	项目			
	测验精度要求	测站主要任务	集水面积(km^2)	
			湿润地区	干旱、半干旱地区
一类精度站	应达到现有测验手段和方法所能够取得的可能精度	收集探索水文特征值在时间上和沿河长的变化规律所需的长系列样本,以及经济、社会所需要的资料	≥3 000	≥5 000
二类精度站	可按测验条件拟定	收集探索水文特征值沿河长和区域的变化规律所需的具有代表性的系列样本,以及经济、社会所需要的资料	<10 000 ≥200	<10 000 ≥500
三类精度站	应达到设站任务对资料使用精度的要求	收集探索小河在各种下垫面条件下的产、汇流规律,径流变化规律,水文分析计算对系列代表性要求,以及经济、社会所需的资料	<200	<300

2. 水位级的划分

水位级划分应考虑河流特性、测站测洪能力及影响水位变化的各种因素,选择适合测站特性的划分方法。

对于一类精度的水文站,水位级的划分可采用年特征值法;对于二、三类精度的水文站,水位级的划分可采用典型年法。

3. 测次布置

一年中的流量测次,应根据高、中、低各级水位的水流特性,测站控制条件、测验精度，定线推流要求，以及需求等综合确定，应能够准确掌握各个时期的水情变化，合理控制各级水位和水情变化过程的转折点；当发生的洪水、枯水超出历年实测流量的相应水位时，应对超出部分增加测次。

对新设的测站，其测次应适当增加。

2.1.4　两种常见测流方法

1. 流速仪法

流速仪是用来测定水流中任意指定点沿流向的水平流速的仪器。我国采用的主要是旋杯式和旋桨式两类。它们由感应水流的旋杯器（旋杯或旋桨）、记录信号的计数器和保持仪器正对水流的尾翼三个主要部分组成。当仪器放入水中时，旋杯或旋桨受水流冲击而旋转，流速越大，旋转越快。根据每秒转数和流速的关系，便可计算出测点流速。

流速仪转子的转速 n 与流速 V 的关系，通过在流速仪检定槽中实验率定，其关系式一般为 $V=Kn+C$，式中 K、C 分别为仪器检定常数与摩阻系数。

测流时，对于某一测点，记下仪器的总转数 N 和测速历时 T，求出转速 $n=N/T$，由式 $V=Kn+C$ 即可求出该测点的流速 V。为消除流速脉动的影响，一般情况下要求 $T>100$ s。

2. 走航式 ADCP

ADCP 全称为 Acoustic Doppler Current Profiler，即声学多普勒流速剖面仪，是 20 世纪 80 年代初发展起来的一种新型测流设备。常用的有走航式 ADCP 和水平 ADCP。

ADCP 用声波换能器作传感器，换能器发射声脉冲波，声脉冲波通过水体声路中许多不同位置不均匀分布的泥沙颗粒、浮游生物等反散射体产生反散射，由换能器接收反散射信号，经测定多普勒频移而测算出各位置点的流速，即直接测出声路的流速剖面。ADCP 突破传统以机械转动为基础的传感流速仪，具有不扰动流场、测验历时短、测速范围大等特点。

2.2　测验设备

2.2.1　设施设备

流量测验设施主要有缆道系统、测船以及相应的附属设施。其中缆道系统又包括驱动设备、信号系统、控制设备、悬吊设备、计算机测流控制系统等。铅鱼缆道结构见图 2-1。

目前我处常用的测流设备有流速仪(图 2-2)及走航式 ADCP(图 2-3),走航式 ADCP 常用的固定方法有支架式、搭载载体船。

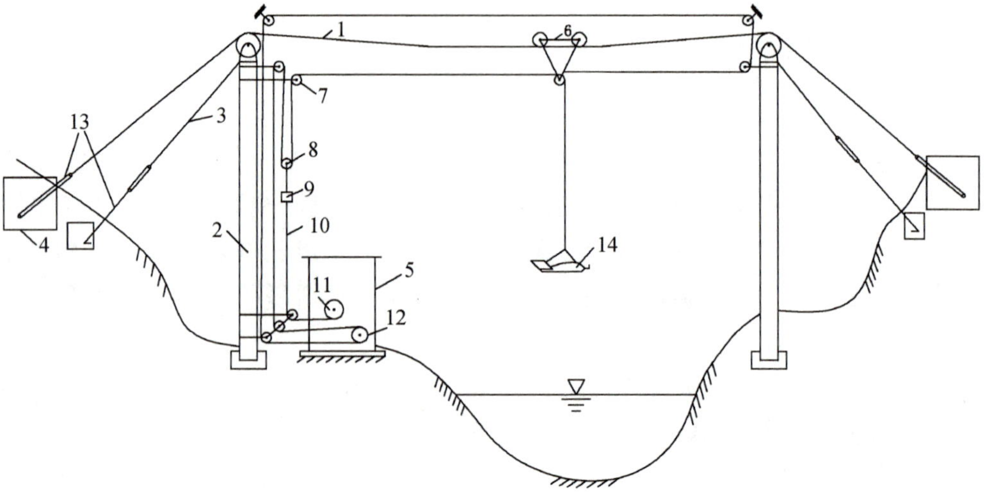

1-主索;2-搭架(柱);3-拉线;4-锚碇;5-缆道房;6-运载行车;7-导向滑轮;8-游轮;9-平衡锤;10-工作索(循环索、起重索等);11-垂直绞车;12-水平绞车;13-锚杆;14-测验平台

图 2-1　铅鱼缆道布设示意图

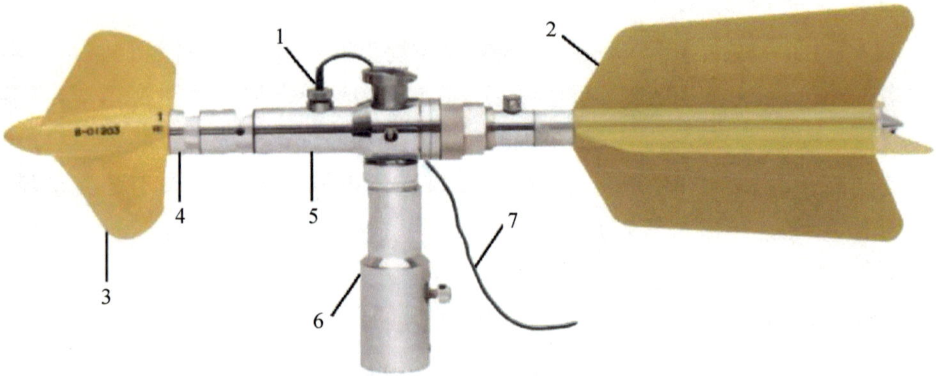

1-信号线接线插头;2-十字尾翼;3-旋桨;4-旋桨轴;5-身架;6-金属悬杆;7-信号线

图 2-2　旋桨式流速仪

图 2-3　走航式 ADCP

2.2.2　设施设备保养

1. 缆道房

1）保持室内整洁，无污渍、积尘、杂物、蜘蛛网等。

2）门窗破损、地面砖污损、屋顶及墙体渗漏时应及时进行修补。

2. 水文缆道

1）缆道设施

（1）主索、主索与锚碇接头部分应每年进行 1 次养护涂油，工作索每年不少于 2 次，经常入水部分应适当增加次数，其他钢丝绳每年不应少于 1 次。

（2）采用混凝土桩锚的，绕绳应整齐，不可挤压，并应配用足够数目的钢丝绳绳夹。所有绳夹应受力均匀，绳夹压盖卡在主绳上，以压扁索径的 1/5 为度；绳夹"U"形环卡在副绳上，以压扁索径的 1/3 为度。绳夹的数量及间距详见表 2-2。

表 2-2　钢丝绳绳夹数目及间距

钢丝绳直径(mm)	绳夹只数(只)	绳夹间距(cm)
10～15	≥3	8～10
15～20	4～5	12～14
20～30	5～6	15～20

说明：绳夹间距不应小于钢丝绳直径的 6 倍。

（3）塔架（柱）顶部的钢丝绳常年与滑轮接触受到挤压变形的，维修时应作错位处理。

(4) 钢丝绳断股和扭环不能解开时，可将扭环损伤部分截去，采用插股编结方法进行编结。钢丝绳接头宜减少，接头之间的距离不应小于 5 m。

(5) 缆道主索、工作索等，发现有下列情况之一者，应予报废：

① 钢丝绳每一捻搓绕节距(钢丝绳拧一周的长度)长度内，断丝根数顺捻超过 5%；交捻超过 10%。

② 钢丝索中有一股折断。

③ 钢丝索疲劳现象严重，使用时断丝数目增加很快。

(6) 每年应对钢支架、混凝土支架的钢结构部分进行除锈、刷油漆工作。

(7) 当支架基础沉陷，架柱发生位移变化，连接螺栓松动，混凝土基础出现裂缝等情况发生时，应及时处理。

(8) 循环索采用不锈钢钢丝绳时，宜每 3 年更换一次。

(9) 锚碇发生位移变化、锚碇附近土壤有裂纹、崩坍、沉陷现象，钢丝绳夹头松动，锚杆生锈时，应及时处理。

(10) 每年汛前应对铅鱼进行除锈、刷油漆工作。

2) 驱动设备

(1) 对电气设备按照说明书的规定进行技术保养，保证设备正常运转。

(2) 检查电动机发热情况，温升超过 60℃时，应采取降温措施。当电动机有异样声响时，应立即停车，检查原因；测验完毕后应切断电源。

(3) 电动缆道的电动机、控制台的接地与绝缘应符合规范要求，出线管套损坏或者导线接头处绝缘胶布损坏时应及时处理。

(4) 定期检查绞车运行情况，若发现异常，应停车检修。

(5) 应保持绞车轴承、转动部件表面清洁及润滑，避免可能的超负荷运行。

(6) 滑轮、游轮、行车应上油保养，若发现异常，应及时检修。

(7) 当钢丝绳在滑轮上出现滑动、擦边、跳槽等情况时，应采取措施及时排除。

3) 仪器仪表

(1) 各种记录仪表应按仪表说明书使用和养护。

(2) 各种记录仪表应存放在干燥通风、清洁和不受腐蚀气体侵蚀的地方。

(3) 定期检查电子设备的接地装置和防雷装置。

4) 防雷装置及设施

(1) 对电源防雷一、二、三级装置，信号防雷装置，应进行经常性检查，发现问题及时处理。

(2) 每年汛前应对防雷系统做全面的检查，确保防雷接地装置未被挖断并满足要求。

(3) 每年雷雨季节前，应做 1 次定期养护，因挖土敷设其他管道时而挖断接地装置等，应及时恢复。

(4) 各处明装导体、引下线距地 2 m 段的绝缘保护应完好。

(5) 绝缘处理后的工作索引入缆道房时，宜在室外将该悬索与接地之间加间隙放电装置，保护间隙的间距应无变动，若有变动应立即调整。

(6) 定期对接地体进行全面检查，测量全部接地装置的散流电阻。发现接地装置的接地电阻值有较大变化时应及时处理。

3. 流速仪

1) 流速仪在每次使用后，应立即按照仪器说明书规定的方法拆洗干净，并加仪器润滑油。

2) 流速仪装入箱内时，转子部分应悬空搁置。

3) 长期储藏备用的流速仪，易锈部件必须涂黄油保护。

4) 仪器箱应放于干燥通风处，并远离高温和有腐蚀性的物质，仪器箱上不应堆放重物。

5) 仪器所有的零附件及工具应随用随放还原处。

6) 仪器说明和检定图表、公式等应妥善保管。

7) 没有条件比测流速仪的站，仪器使用 2 年后必须重新检定；当发现流速仪运转不正常或有其他问题时，应停止使用。超过检定日期 2 年以上的流速仪，虽未使用，亦应送检。

4. 走航式 ADCP

1) ADCP 测流完成出水后应对仪器进行保养。

(1) 用清水冲洗仪器的换能器，探头表面有附着物时，应用光滑的软布蘸清水小心拭去。

(2) 检查有无明显的裂痕、划痕，若有，应检验其是否影响测流精度。

(3) 仪器防腐蚀部件应注意养护，远离腐蚀性物质，当腐蚀严重时，应及时更换新的零部件。

(4) 仪器电缆信号线应轻拿轻放，尽量保持自然状态；出现扭曲变形时，应注意检查电缆信号线有无损坏；如有破损、漏电，应及时维修或更换。

2) 野外作业时，应避免传感器、载体船等长时间暴晒。

3) 测流结束后，要先切断电源，而后对仪器进行常规检查。

4) 仪器设备应放于干燥通风处，并远离高温和有腐蚀性的物质，仪器和设备上不应堆放重物。

2.3 测验方法及要求

2.3.1 流速仪法

1. 流速垂线及测速点布置

流速仪测速时必须在断面上布设测速垂线和测速点，以计算测量断面面积上的流速。根据布设垂线、测点的多少及繁简程度，测速的方法可分为精测法、常测法和简测法。

流速仪测速垂线的数目主要是根据水面宽度和水深而定，具体规定见表 2-3。

表 2-3 精测法、常测法最少测速垂线数目的规定

水面宽(m)	<5.0	5.0	50	100	300	1 000	>1 000
精测法(条)	5	6	10	12~15	15~20	15~25	>25
常测法(条)	3~5	5	6~8	7~9	8~13	8~13	>13

在每条测速垂线上，流速随水深而变化，为求得垂线平均流速，须在各测速垂线不同水深点上测速。垂线上测点的数目和位置根据水深和对精度的要求而定，见表 2-4。

表 2-4 精测法测速点的分布

水深(m)		垂线上测点数目和位置	
悬杆悬吊	悬索悬吊	畅流期	冰期
>1.0	>3.0	五点(水面，0.2、0.6、0.8 相对水深，河底)	六点(水面，0.2、0.4、0.6、0.8 相对水深，河底)
0.4~1.0	1.5~3.0	三点(0.2、0.6、0.8 相对水深) 二点(0.2、0.8 相对水深)	
0.16~0.40	0.6~1.5	一点(0.6 或 0.5 相对水深)	
	<0.6	改用悬杆悬吊或其他测流方法	改用悬杆悬吊
<0.16		改用小浮标或其他测流方法	

2. 流量计算

流量计算一般都以列表方式进行。方法是：由测点流速推求垂线平均流速，由垂线平均流速推求部分面积上的平均流速，部分平均流速和部分面积相乘得部分

流量，各部分流量之和即为全断面流量。

1）垂线平均流速计算

一点法 $V_m = V_{0.6}$ 或 $V_m = KV_{0.5}$ ，$V_m = K_1V_{0.0}$ ，$V_m = K_2V_{0.2}$

二点法 $V_m = \frac{1}{2}(V_{0.2} + V_{0.8})$

三点法 $V_m = \frac{1}{3}(V_{0.2} + V_{0.6} + V_{0.8})$ 或 $V_m = \frac{1}{4}(V_{0.2} + 2V_{0.6} + V_{0.8})$

五点法 $V_m = \frac{1}{10}(V_{0.0} + 3V_{0.2} + 3V_{0.6} + 2V_{0.8} + V_{1.0})$

十一点法 $V_m = \frac{1}{10}(0.5V_{0.0} + V_{0.1} + V_{0.2} + V_{0.3} + V_{0.4} + V_{0.5} + V_{0.6} + V_{0.7} + V_{0.8} + V_{0.9} + 0.5V_{1.0})$

式中：V_m ——垂线平均流速，m/s；

$V_{0.0}$、$V_{0.1}$、$V_{0.2}$、…$V_{1.0}$ ——0.0、0.1、0.2、…、1.0 相对水深处的测点流速，m/s；

K、K_1、K_2 ——半深、水面、0.2 相对水深处的流速系数。

2）部分平均流速的计算

（1）两测速垂线中间部分的平均流速的计算

$$\overline{V_i} = \frac{V_{m(i-1)} + V_{mi}}{2}$$

式中：$\overline{V_i}$ ——第 i 部分断面平均流速，m/s；

V_{mi} ——第 i 条垂线平均流速，m/s，$i = 1, 2, \cdots, n-1$ 。

（2）靠岸边或死水边的部分平均流速计算

$$\overline{V_1} = \alpha V_{m1}$$

$$\overline{V_n} = \alpha V_{m(n-1)}$$

式中：α ——岸边流速系数。与岸边情况有关，水深均匀地变浅至零的斜坡岸边，$\alpha = 0.67 \sim 0.75$；陡岸边中不平整的，$\alpha = 0.8$；陡岸边中光滑的，$\alpha = 0.9$；死水与流水交界处的死水边，$\alpha = 0.6$。

3）部分流量计算

$$q_i = \overline{V_i}A_i$$

式中：q_i ——第 i 部分流量，m^3/s。

4）断面流量计算

$$Q = \sum_{i=1}^{n} q_i$$

式中：Q——断面流量，m^3/s。

5）断面平均流速计算

$$V = Q/A$$

式中：A——过水断面面积，m^2；它等于各部分面积之和。

2.3.2 走航式 ADCP 法

2.3.2.1 一般要求

1. 走航式流量测验，应根据所测断面的水深、流速和含沙量等情况选用合适频率的声学多普勒流速仪。

2. 走航式流量测验的测验断面选择、流量测次布置应符合《河流流量测验规范》(GB 50179—2015)的要求。

3. 可根据需要，确定是否外接全球定位系统(GPS)、外部罗经、测深仪。外接设备的刷新频率或采样频率宜大于声学多普勒流速仪流量测验的采样频率。外接设备应按各自产品标准中规定的率定(校准)周期进行率定(校准)，并应符合以下要求：

1）GPS 应能提供定位精度在亚米级以上的实时数据；

2）外部罗经的测角分辨率应不大于 1.5°；

3）测深仪的工作频率不致对声学多普勒流速仪形成同频干扰。

4. 声学多普勒流速仪入水深度应记至 0.01 m。

5. 水边距离可用标尺或电子测量装置测量。外接 GPS 时，可根据测船起点、终点位置，利用测流断面成果计算水边距离。

6. 在测验前应根据断面情况、可能的最大流速、测船动力情况和测验要求设置声学多普勒流速仪参数。

2.3.2.2 走航式 ADCP 安装

1. 支架安装应符合下列要求：

1）设计应以结构简单、操作方便、升降转动灵活、安全可靠为原则；

2）应根据所使用仪器的结构特点专门设计、定制安装支架，或直接使用仪器生产商提供的配套支架；

3）应采用防锈、防腐蚀能力强，重量轻，强度大的非磁性材料制作；

4）结构应牢固稳定，不因水流冲击或测船航行等原因导致倾斜；

5）宜配置仪器探头保护装置。

2. 声学多普勒流速仪一般可安装在船头、船弦的一侧或穿透船体的竖井内，并应符合下列规定。

1）声学多普勒流速仪安装位置离船舷的距离，木质测船宜大于 0.5 m，铁磁质测船宜大于 1.0 m。

2）仪器探头的入水深度，应根据测船航行速度、水流速度、水面波浪大小、测船吃水深、船底形状等因素综合考虑，使探头在整个测验过程中始终不会露出水面。入水后，应保证船体不会妨碍信号的发射和接收。

3）铁磁质测船竖井内安装时，应外接罗经。

3. 在垂直方向上，应保证仪器纵轴垂直，呈自然悬垂状态；在水平方向上，应使仪器探头上的方向标识箭头与船体纵轴线平行。

4. 在仪器安装过程中，应防止碰撞仪器的探头表面。仪器应安装牢固。

5. 信号线、电源线正确连接后方可通电工作。

6. 外接设备的安装规定：

1）GPS 天线宜安装在声学多普勒流速仪正上方平面位置 1 m 以内。

2）外部罗经的安装指向应与船首方向一致。当为磁罗经时，安装位置离船上任何铁磁性物体的距离应不小于 1.0 m。

3）测深仪换能器宜垂向安装在声学多普勒流速仪同侧，测量过程中换能器不应露出水面。

2.3.2.3 走航式 ADCP 流量测验

1. 准备工作

1）根据断面河床、水流、泥沙特性和测船情况，准备必要的外接设备。外接设备包括外部罗经、回声测深仪、GPS 等。

2）安装使用前，应检查确定仪器无污损、变形，供电系统输出的交、直流电压符合仪器标称要求；使用外部设备时，应检查确认相应设备运转情况正常；使用的电缆和插接件应逐一清点，应备有足够的备件。

2. 现场操作

1）安装完成后，应对所有电缆、电路的连接进行检查。

2）测前应对声学多普勒流速仪进行自检，并记录自检结果。

3）宜安装在非铁磁物质的测船上进行测验。对铁磁物质测船，应安装外部罗经。

4）测流断面有底沙运动时，应采用 GPS 测量船速。

5）在底跟踪可能失效时，应调整参数进行试测；测不到最大水深时，应配置测深仪测深。

6）测验前，应对使用的罗经（外部罗经或内部罗经）进行校验。

7）每次测验前，应根据现场条件按以下要求对仪器参数进行设置：

(1) 深度单元尺寸应不小于设备允许的下限，深度单元数不超过设备允许的上限，同时深度单元尺寸与深度单元数的乘积不应小于所测断面的最大水深；

(2) 每个数据组水跟踪脉冲采样数和底跟踪脉冲采样数（或脉冲时间间隔）可根据断面宽窄、水深大小进行设置；

(3) 应根据断面形状、水深大小情况选择合适的工作模式；

(4) 盲区的设置应不小于厂商推荐的最小盲区；

(5) 换能器入水深度应根据实际测量值设置；

(6) 对水体含盐度较高的断面，应设置修正声速的盐度值；

(7) 配置文件应与原始数据文件储存在计算机的同一个文件目录内。

8）数据采集前，断面位置、测量日期、设备、配置文件和测量软件版本等信息应在声学多普勒流速仪测验记载表中（附录 A）记录。

9）测船应沿预定断面航行，船首不应有大幅度摆动。测船横渡速度宜接近或略小于水流速度。

10）测量时，测船应从断面下游驶入断面，在接近起点位置时，航行速度沿断面保持正常速度，直至终点。

11）每半测回测量，均应记录航次、横渡方向、左/右水边距离、原始数据文件名等信息。

12）应选择合适的外推方法（常数或指数方法等），估算上、下盲区流量。

13）岸边流量的估算，应正确选用岸边流速系数。岸边流速系数可通过比测确定，或根据断面形状按照表 2-5 确定。

表 2-5　岸边流速系数 α 值

岸边情况		α 值
水深均匀地变浅至零的斜坡岸边		0.67～0.75
陡岸边	不平整	0.8
	光滑	0.9
死水与流水交界处的死水边		0.6

14）实测流量的相应水位计算应符合《河流流量测验规范》(GB 50179—2015)的规定。

15）断面流量包括直接测出的部分流量、岸边流量及上下盲区流量。

16）在测验结束后应对测验情况及结果进行评价。

(1) 按软件“回放”模式对每组原始数据进行审查，保证数据的完整性、正确性及参数设置的合理性。

(2) 应计算实测区域占整个断面的百分率（代表测验的完整性），记录诸如湍流、涡流、逆流、仪器与铁磁物体的靠近程度等可能影响测量结果的现场因素，以此来评价流量测量的质量。

(3) 应计算所测流量的算术平均值、每半测回流量值与平均值的偏差。如果最大偏差大于5%，应根据水情变化情况和测验过程进行分析，针对不同原因进行不同处理：

① 属仪器安装、参数设置不当等原因，且不能进行有效校正的，则重新测验。

② 水情涨落变化快的，可用一个测回的实测流量计算平均值。

③ 水情平稳，且原因不能准确分析的，可增加一个测回，计算实测流量值最接近的连续2个测回的平均值。

④ 采用上述方法进行处理，如果最大偏差仍然大于5%，则采用其他仪器或方法重新测验。

3. 流量测验

1）流量相对稳定时，应进行两个测回断面流量测量，取均值作为实测流量值。

2）流量在短时间内变化较大时，可适当减少测回。一般宜完成一个测回，特殊情况下可只测半测回，但应做出说明。

3）潮汐河段上、下盲区的插补模型宜根据测验断面典型时刻流速沿垂线分布特征，确定合理的插补模型。

4）对于河口区宽阔断面，同一断面宜采用多台仪器分多个子断面同步测验的方案。

4. 流速流向测验

1）流速流向测验应采用GPS或符合《河流流量测验规范》(GB 50179—2015)要求的其他方法进行定位。

2）垂线流速流向测验时间应不少于30 s，以减少水流脉动引起的误差。

3）测点流速流向的计算

(1) 应将垂线各单元实测流速分解为东西方向与南北方向的速度分量。

（2）应采用合适的流速分布公式拟合东西方向与南北方向的垂线流速分布。

（3）应采用拟合的公式计算各测点流速流向。

4）垂线平均流速流向计算应符合以下要求。

（1）可根据垂线各测点流速分别计算东西方向与南北方向平均流速分量，据以计算垂线平均流速流向。也可根据各单元实测东西方向与南北方向流速分量的算术平均值，计算垂线平均流速流向。

（2）垂线流速测点数目和位置可按《河流流量测验规范》(GB 50179—2015)规定执行。

2.3.3 走航式 ADCP 流量测验实例

走航式 ADCP 具有测流速度快，机动性强等优点，我处日常测验采用无线载体船式 ADCP，利用测流缆道、桥梁或临时架设过河索等进行流量测验。

测验流程包括仪器与信号设备的安装、WinRiver Ⅱ 软件的调试，以及测验成果的审定三大步骤。本节就我处走航式 ADCP 测验流程进行详细阐述。

1. 瑞江牌 WHRG-1200 安装

测验设备包括无线载体船、走航式 ADCP、2 节 12V 电池、信号接收器、笔记本电脑以及绳索若干。详见图 2-4 和图 2-5。

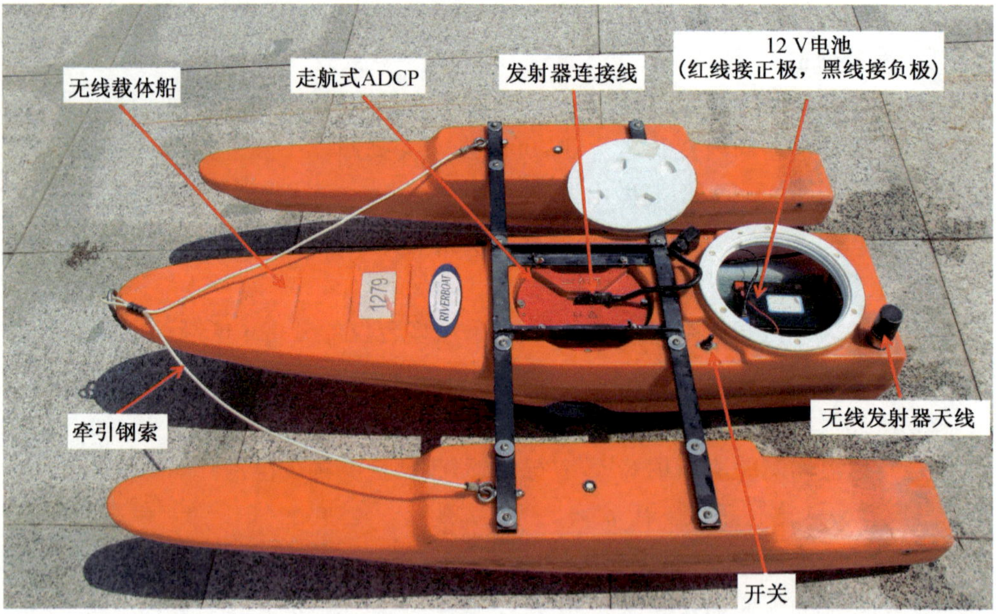

图 2-4　无线载体船、走航式 ADCP

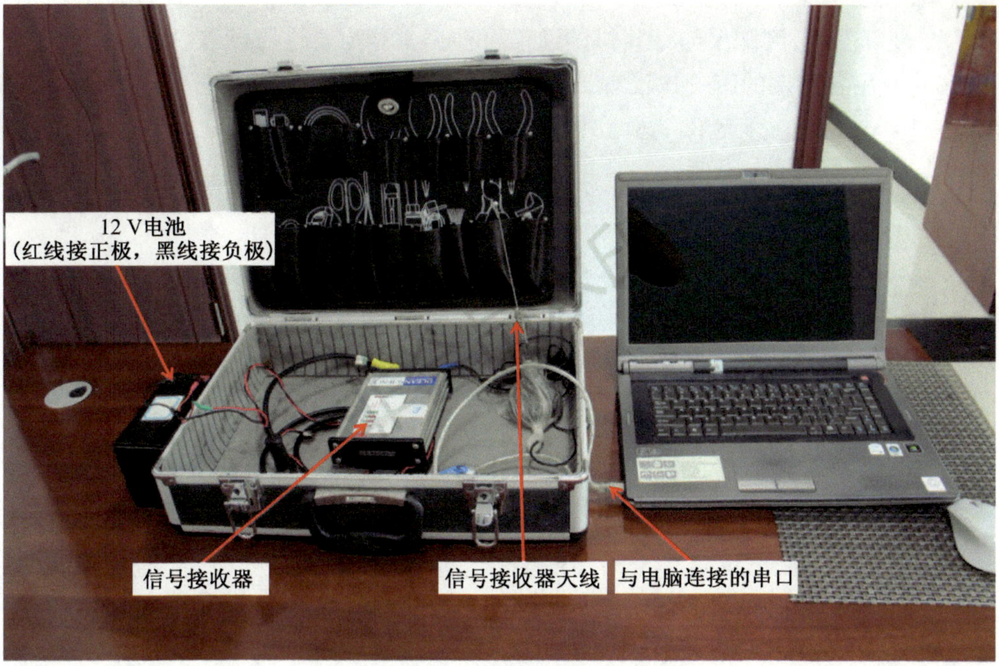

图 2-5　信号接收装置

2. WinRiver Ⅱ软件参数设置

1）打开 WinRiver Ⅱ软件，如图 2-6 所示。

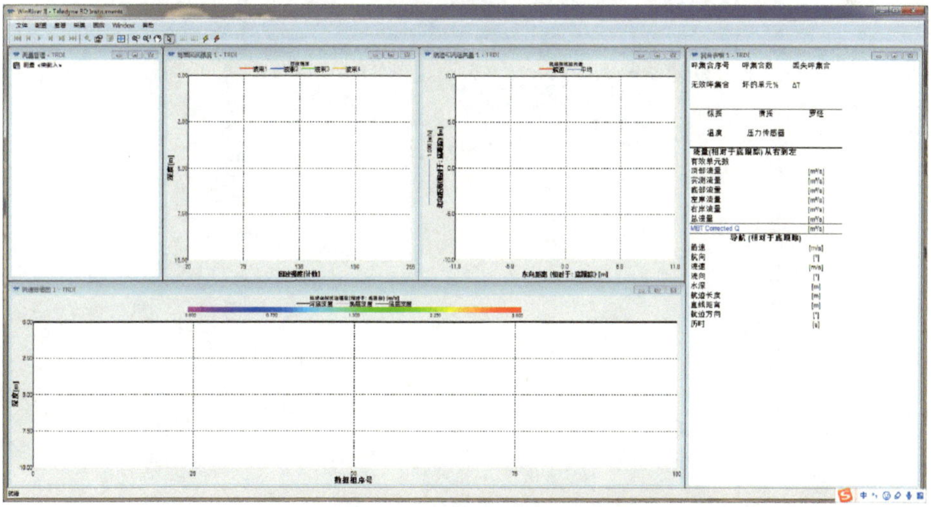

图 2-6　WinRiver Ⅱ主界面

2) 通信设置：第一次使用 WinRiver Ⅱ时，需要设置 ADCP 和计算机的通信，GPS、外部罗经、测深仪与计算机的通信可根据测验需要进行设置，WinRiver Ⅱ将记忆并使用各连接的第一次设置。

(1) 点击【配置】菜单，选择【外围设备】，如图 2-7 所示。

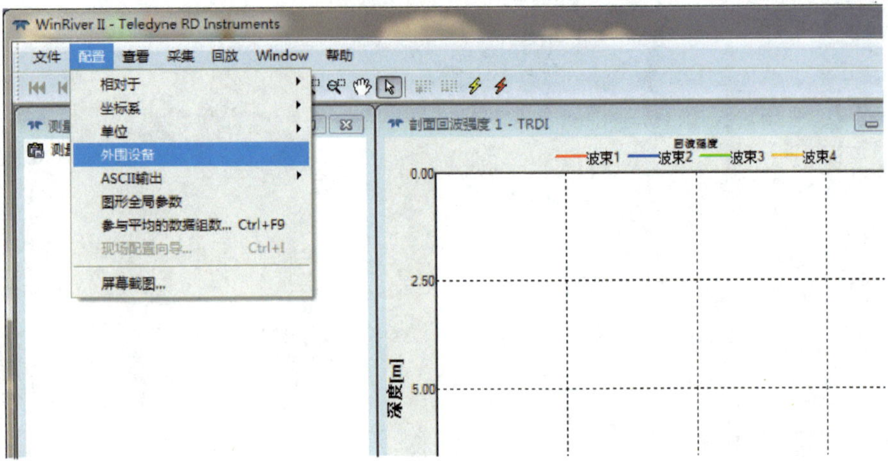

图 2-7　外围设备选择界面

(2) 点开【Read Serial Raw ADCP Data】前面的“+”，选中“端口：ADCP Serial Port”，按【配置】按钮，如图 2-8 所示。

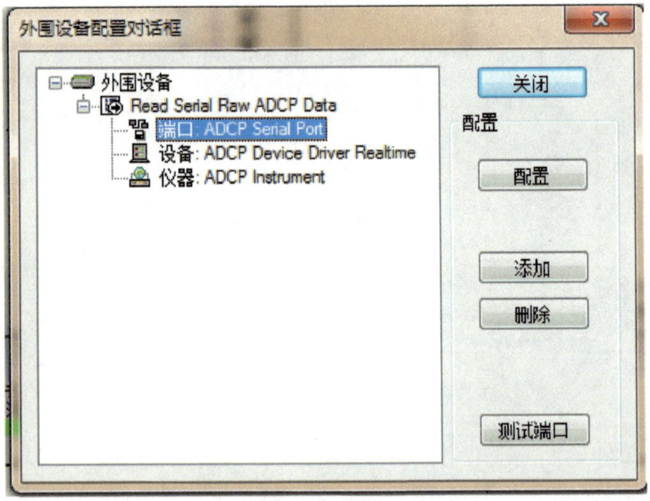

图 2-8　外围设备配置对话框

(3) 设置通信端口、波特率,其他三项参数则不需要设置,选用默认,如图 2-9 所示。

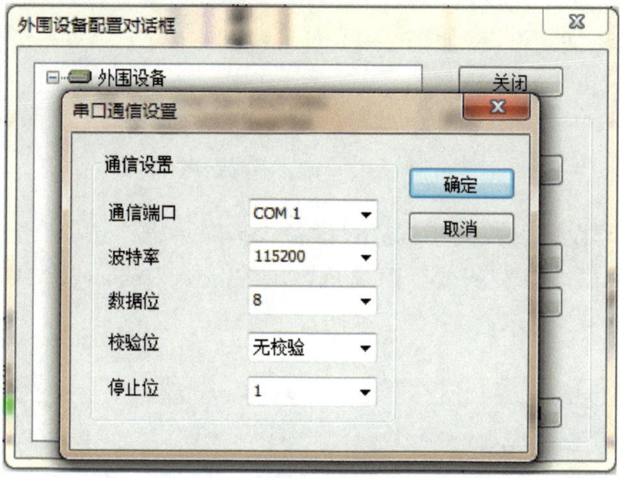

图 2-9　串口通信设置

① 通信端口设置:打开"设备管理器",选择"端口",查看显示"MOXA USB Serial Port (COM4)",说明 ADCP 连接端口为"COM4",相应选择"通信端口",如图 2-10 所示。

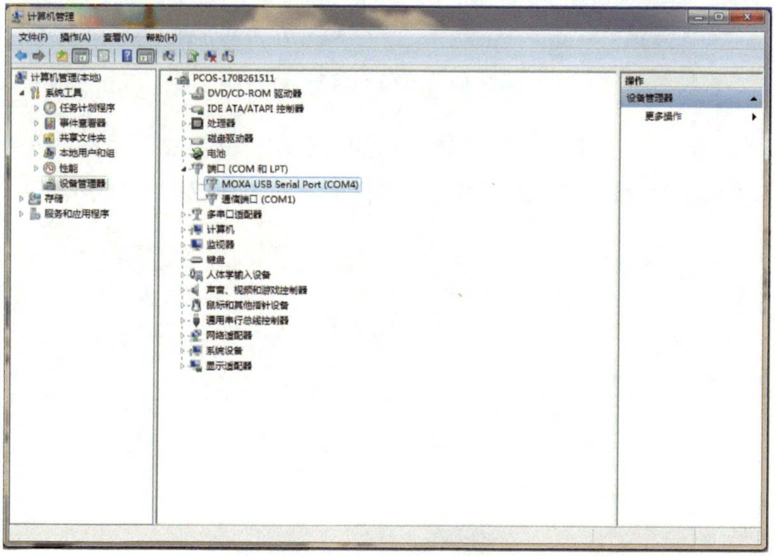

图 2-10　端口查看界面

② 波特率配置：设备有线方式连接时选用波特率为“9600”，无线方式时选用波特率为“115200”。

(4) 流量测验需要其他配套设备时，可添加相应设备，点击【添加】(如图 2-8 所示)，选择需要添加的设备(如图 2-11 所示)，重复(3)步骤进行配置。

- 备选择对话框

(5) 所有配套设备设置完毕，退出“设备选择对话框”，选中“端口：ADCP Serial Port”，点击【测试端口】，测试界面显示“All Rights Reserved”时，表明 ADCP 端口已连通，如图 2-12 所示。

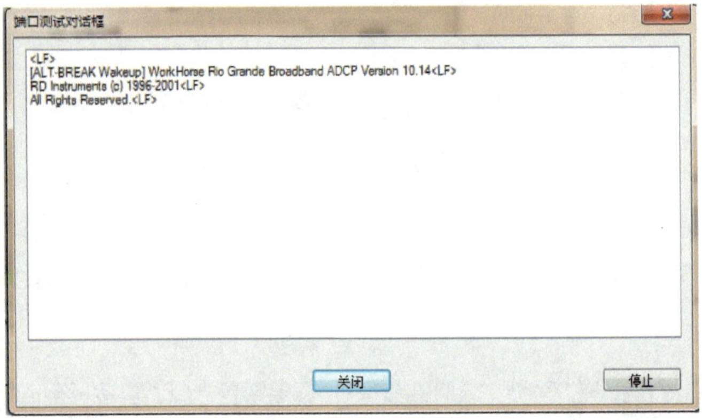

图 2-12　端口测试对话框

3) ADCP 自检：点击【采集】，选择“开始瑞江 ADCP 测试”，测试“通过”数字超过“21”时，表示设置合理，否则查找原因，如图 2-13 和图 2-14 所示。

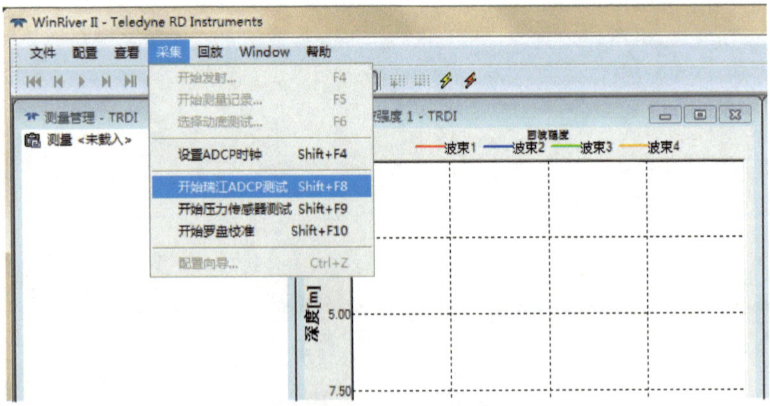

图 2-13　ADCP 测试窗口

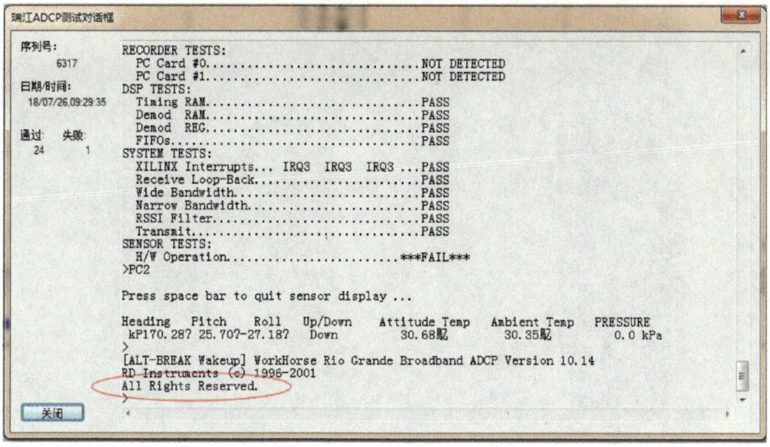

图 2-14　ADCP 测试结果界面

4）建立新测量

（1）点击菜单栏【文件】，选择“新测量”。

（2）填写“站点信息”，如图 2-15 所示。

（3）点击【下一步】填写“关系曲线信息”，如图 2-16 所示。

（4）点击【下一步】，测流软件自动连接 ADCP，状态灯显示绿色，在“配置对话框”中设置相应参数，如图 2-17 所示。

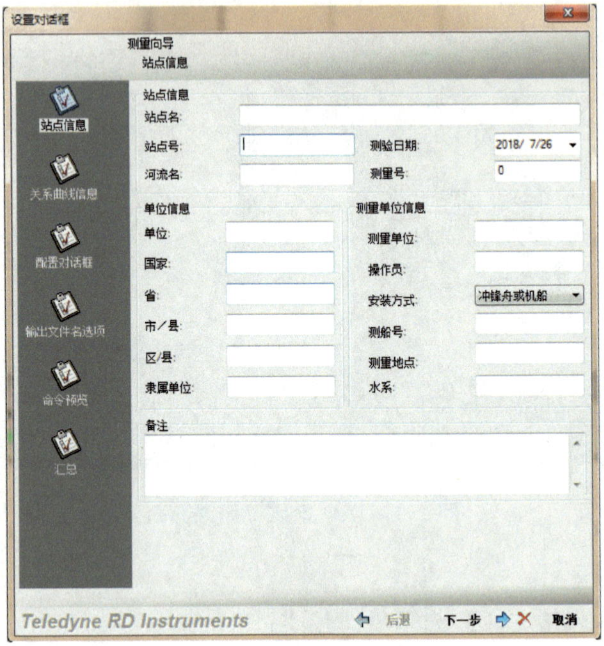

图 2-15　站点信息界面

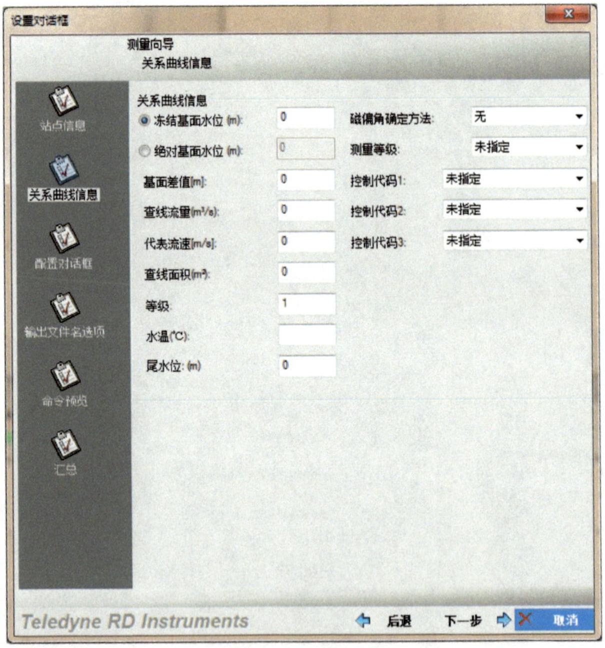

图 2-16　关系曲线信息界面

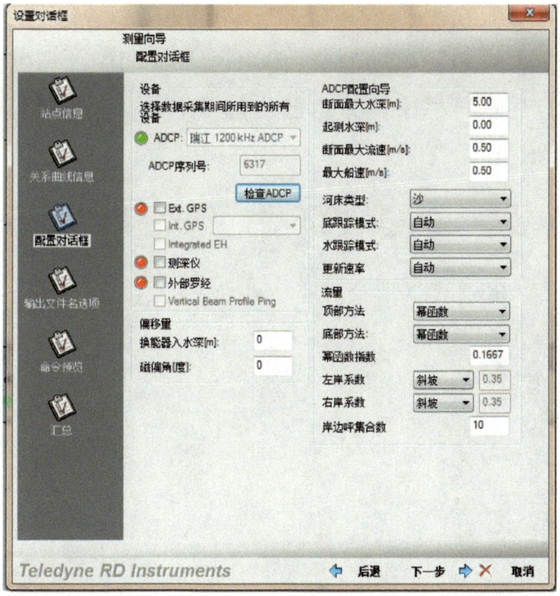

图 2-17　配置对话框界面

(5) 点击【下一步】，填写"输出文件名选项"。"文件名"填写一般按站名大写首字母加日期命名，例：嶂山闸测流，文件名填写"ZSZ20170301"，如图 2-18 所示。

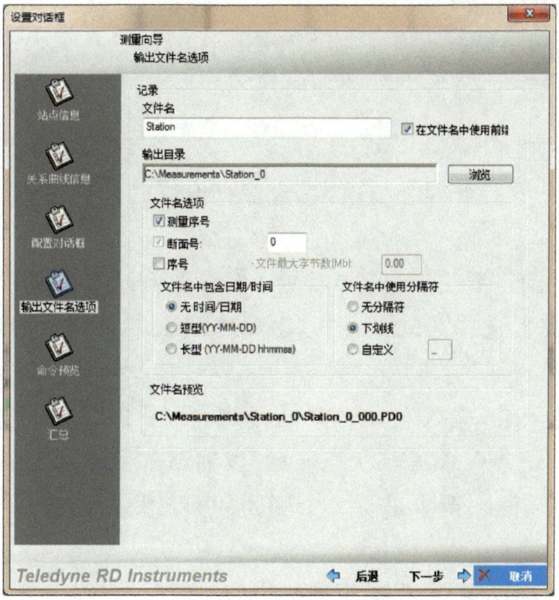

图 2-18　输出文件名选项界面

(6) 点击【下一步】,进行"命令预览"。检查"固定命令""向导命令""用户命令"。在"命令预览"中一般不需要修改"用户命令"(如图 2-19 所示),但对有经验的用户,可以在"用户命令"栏中输入自己的命令,详细命令参见本节第 9)条"模式选择及向导命令详解"。

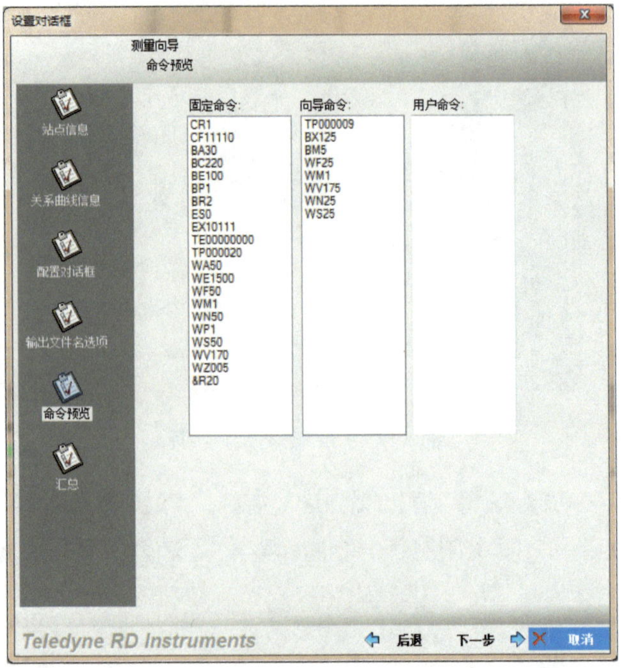

图 2-19　命令预览界面

(7) 点击【下一步】,查看"汇总",综合检查设置的合理性,如图 2-20 所示。

5) 流量试测

在正式测流之前需要进行试测,以便了解测验河道断面、流速等情况。

(1) 点击【采集】,选择"开始发射",出现 ADCP 时钟设置对话框,点击【确定】,如图 2-21 所示。

(2) 开始测量记录,输入左(右)岸边距离(见图 2-22),发射成功及开始记录时,原始数据显示"记录",ADCP 状态显示"发射",如图 2-23 所示。

(3) 进行流量试测。至少进行一个测回的流量测验。

6) 正式测流

建立新测量,根据试测成果进行参数设定,正式进行流量测验。

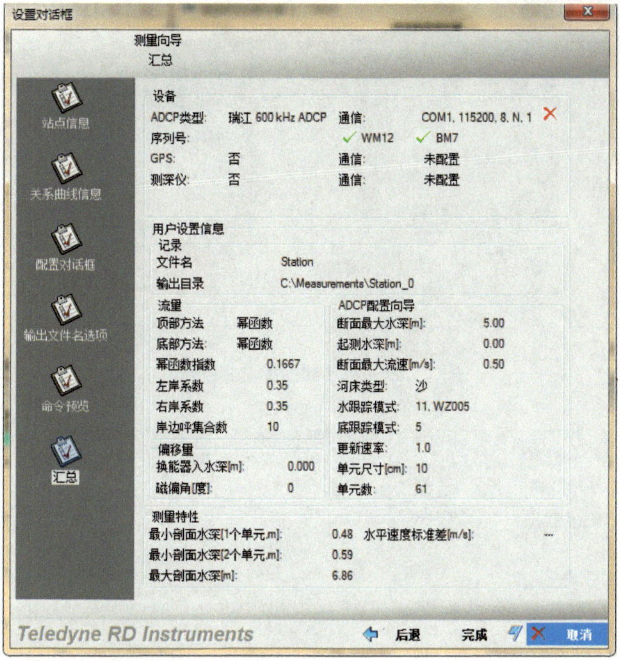

图 2-20　配置信息汇总界面

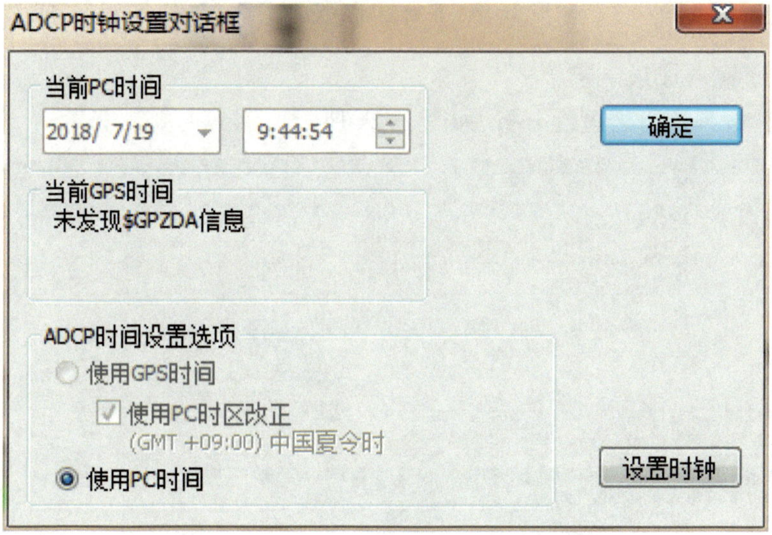

图 2-21　ADCP 时钟设置对话框

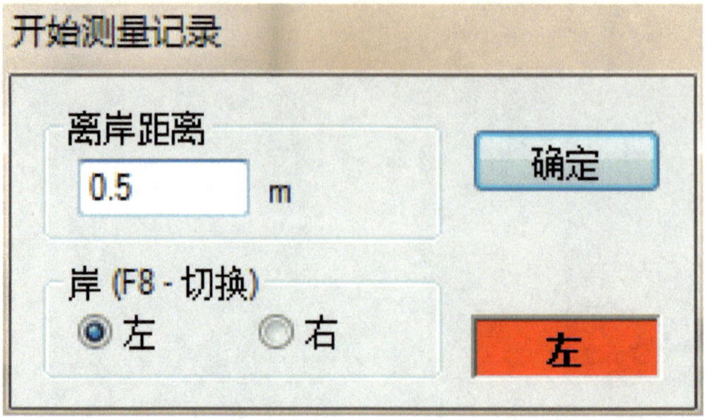

图 2-22　岸边距离设置界面

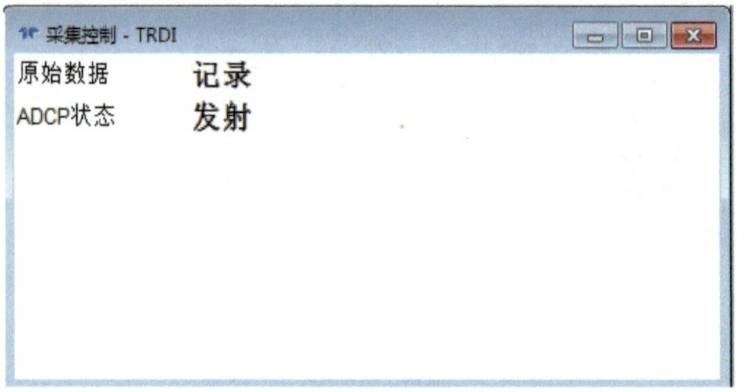

图 2-23　采集控制状态栏界面

7）流量测验成果审定

对测验成果进行合理性分析，如图 2-24 所示。

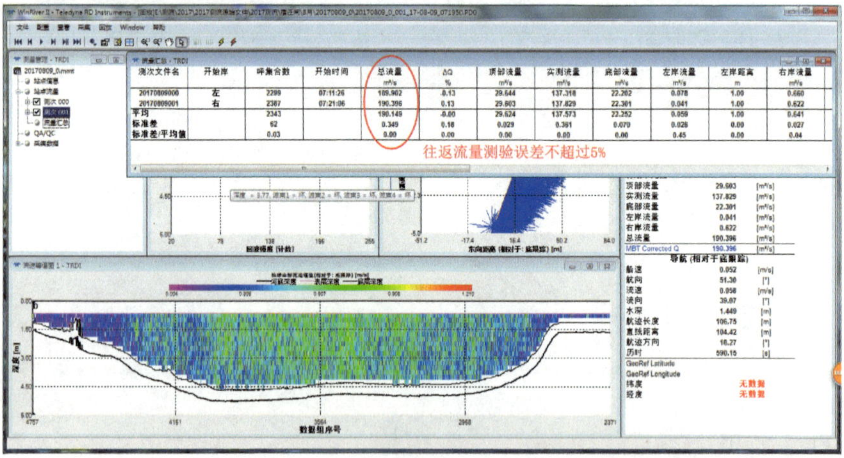

图 2-24　测验成果汇总界面

8）注意事项

测验过程中要时刻注意测流软件界面右侧“状态信息”栏（如图 2-25 所示），查看实时船速与流速，控制无线载体船的速度，使船速接近或略小于流速，出现流量突跳等情况时要查明原因，未能找出原因的需重新测验。

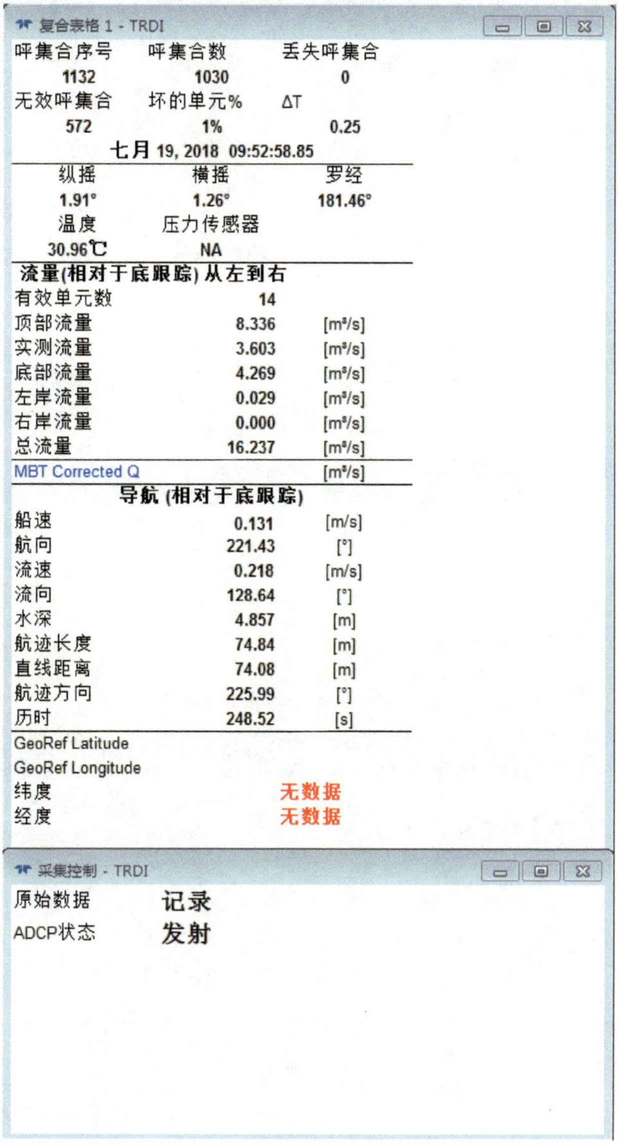

图 2-25　测验实时信息界面

9）模式选择及向导命令详解（1 200 kHz ADCP）

（1）水跟踪模式

各种水跟踪模式适用情况详见表 2-6。

表 2-6 各种水跟踪模式适用情况

模式	WM1	WM5	WM8	WM11	WM12
单元尺寸(cm)	15～200	5～12	5～25	5～25	1～200
最大剖面深度(m)	20	4	4	4	4
最大流速(m/s)	20	0.5	1	3	3
应用	通常情况	低流速、低紊流、浅水	低流速、高紊流、浅水	低流速、低紊流、浅水	高紊流、浅水

（2）底跟踪模式

各种底跟踪模式适用情况详见表 2-7。

表 2-7 各种底跟踪模式适用情况

模式	BM5	BM7
应用	标准模式	浅水模式

（3）常用命令介绍

常用命令、意义及说明详见表 2-8。

表 2-8 向导命令详细说明

指令	意义	说明
WSnnn	水深单元高度	它的数据区间为 0～999，它控制着所测流速坡面的垂直分辨率。
WNnnn	水深单元数	它的数据区间为 1～128，设置参数时应当使 WS 的值与 WN 的值的乘积大于断面预计的最大深度，并预留 20% 左右的安全值（注意：如果不能正确设置该值，有可能导致测速精度损失、垂直分辨率损失以及流速剖面不全）。
WPnnn	每个数据发射次数	平均处理流速的脉冲个数命令，也就是使用多少个观测（脉冲）来进行平均处理以获得一个数据群，该参数范围为 0～6 384。此数应该根据现场情况来决定，初始值为 1，在低速时可以设置大一些，建议设置为 4。

（续表）

指令	意义	说明
BPnnn	底跟踪发射次数	为处理底跟踪数据，参数范围为 1～999，该值应当设置成与 WP 命令相同的值，或者比 WP 命令的值小 1。
WFnnn	盲区	换能器盲区距离（0～9 999 cm）。对于瑞江 ADCP 单元来说，建议所有模式下该值均设为 25。该参数的最小设定值取决于工作频率。在一般情况下此项内容不需要设置。
ESnnn	盐度	测算含盐量的命令，以千分之几表示（0～40），水的盐度设为 0（淡水）。
&R20	底照度	命令 &R 设置“底照度”，确定底跟踪发射脉宽与深度的关系，&R 输入的是百分比。如果在 100 m 的水深处进行底跟踪，且 &R＝20，则底跟踪发射脉宽是 100 m 的 20%，即 20 m；如果 &R＝30，发射脉宽则是 30 m。
TPnn:nn.nn	发射时间间隔	设置发射时间间隔。
BXnnn	水底查找最大值	限制 ADCP 查找水底的时间。

2.4 误差分析与控制

2.4.1 流速仪法误差来源及控制

1. 误差来源

流速仪法误差来源有：起点距定位误差、水深测量误差、流速测点定位误差、流向偏角导致的误差、流速仪轴线与流线不平行导致的误差、计时误差、流速仪率定本身误差、测验方案不完善导致的误差、测验过程操作不当导致的误差、测验条件超出仪器使用范围导致的误差等。

2. 误差控制措施

1）建立主要测验仪器、测具及有关测验设备装置的定期检查登记制度。

2）按有关规定对仪器及时进行检定、校测和维护保养。

3）按规范要求进行测宽、测深。

4）采取有效措施，准确定位，减小流向偏角和测流设备的阻水力。

5）测速时，宜使测船的纵轴与流线平行，并保持测船的稳定。

6）规范操作程序。

7）完善测验方案。

8）测验条件应符合仪器的使用范围。

2.4.2 走航式 ADCP 误差来源及控制

1. 误差来源

1）由 ADCP 噪声引起的随机误差以及系统误差。

2）水深测验误差。

3）测船速度测验误差，包括底跟踪误差或 GPS 定位误差。

4）测验起点和终点至岸边距离测验误差。

5）测船速度与水流速度的比值过大造成的误差。

6）非实测区（表层、底层、左右岸边区）面积与实测区面积的比值过大造成的误差。

7）河流断面面积测量误差。

8）水流环境包括脉动或紊流、水面波浪、剪切流、河底推移质、极慢流速等因素所产生的误差。

9）人为因素所产生的误差。

2. 误差控制措施

1）受“动底”影响的测验河段，可采用差分 GPS 取代底跟踪测量船速。

2）无法避开水草的测流断面，采用定点多垂线法。

3）换能器应安装牢固，入水深度准确测量，避免输入错误。

4）岸边距离宜采用激光测距仪或卷尺准确测量，不宜采用目估法。

5）应正确选择岸边形状系数或岸边流量系数。

6）应正确选择表层和底层盲区流速外延模型，可采用 1/6 幂函数定律，不宜改变幂指数或采用其他流速外延模型，注意双向流影响。

7）应根据换能器频率进行盲区设定，盲区值不应设定太小。

8）测流软件中应输入正确的偏角校正值。

9）应选择适当的工作模式。

10）应根据换能器频率、最大水深或最大单元数（MN），设定单元长度（MS）值。

11）测验总历时不应小于 12 min，且至少进行 2 个测次（一个测回）。

第3章　悬移质泥沙测验

河流中的泥沙，按其运动形式可分三类：悬移质泥沙浮于水中并随之运动，推移质泥沙受水流冲击沿河底移动或滚动，河床质泥沙则相对静止而停留在河床上。三者没有严格的界线，随水流条件的变化而相互转化。一般情况，河流中泥沙以悬移质为主。

3.1　基本概念

3.1.1　悬移质

悬移质指在水中被紊流漩涡挟带，随水流浮游前进的泥沙，或者悬浮在水中，以基本上与水流相同速度运动的泥沙，简称悬沙。

3.1.2　悬移质输沙率

单位时间内通过河渠某一断面的悬移质质量称为悬移质输沙率。

3.2　测验设备

3.2.1　设施设备

一般情况下，利用流量测验设施进行泥沙测验，不再建立专用的泥沙测验设施。当流量测验设施不能满足泥沙测验要求时，可建专用泥沙测验设施。

测站应配置采样器或测沙仪，必要时可以两者都配备。采样器根据需要采用瞬时式采样器或积时式采样器，采样器和测沙仪的配置应满足相关规定。

3.2.2　设施设备保养

1. 瓶式采样器

瓶式采样器（其结构如图3-1所示）要置于干燥通风的地方，保持内壁的光洁。

在使用之前要进行常规检查，在测验过程中若发现问题应及时查明原因并进行处理。

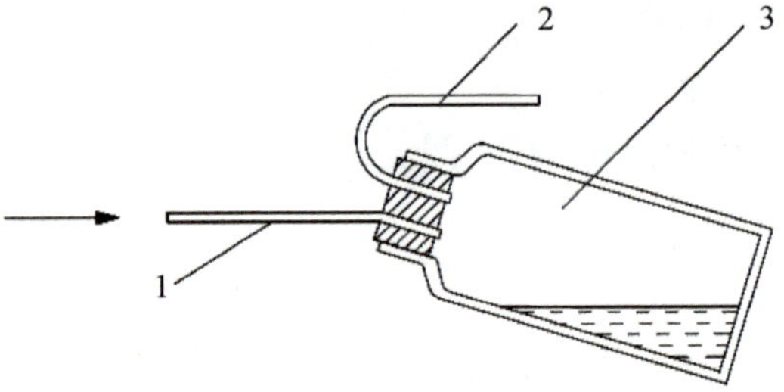

1—进水管；2—排气管；3—采样瓶

图 3-1　瓶式采样器结构图

2. 横式采样器

横式采样器(其结构如图 3-2 所示)使用前应先检查有无漏水现象，发现漏水时应调节弹簧的拉紧力，检查筒盖上的密封橡皮有无破损、老化，一经发现应及时修理或更换直至不漏水，还要及时检查拉绳、击锤关闭筒盖的可靠性。

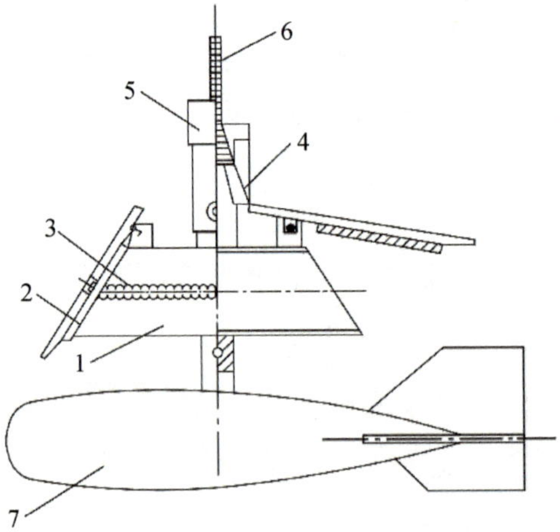

1—水筒；2—筒盖；3—弹簧；4—控制开关的撑爪；5—铁锤；6—钢索；7—铅鱼

图 3-2　横式采样器结构图

3.3　测验方法及要求

3.3.1　一般规定

1. 采用不同的悬移质输沙率测验方法测定断面平均含沙量，应符合部分流量加权原理。

2. 布置测速和测沙垂线时，应在测速垂线中选择布设测沙垂线。

3. 悬移质输沙率测验的工作内容，应符合下列规定：

1）布置测速和测沙垂线，施测垂线起点距和水深，在测速垂线上测流速，在测沙垂线上施测含沙量；

2）观测水位、水面比降，当水样需作颗粒分析时，应施测水温；

3）需要建立单断沙关系时，应采取相应单沙；

4）采用全断面混合法测输沙率时，测沙垂线单独布设，可不再施测测沙垂线流速。

4. 测定悬移质泥沙断面平均颗粒级配的各种测验方法均应符合部分输沙率加权原理。

3.3.2　悬移质输沙率的测次分布

一年内悬移质输沙率的测次，应主要分布在洪水期。

1. 采用断面平均含沙量过程线法进行资料整编时，每年测次应能控制含沙量变化过程，每次较大洪峰的测次应能控制含沙量变化的全过程，每次较大洪峰的测次不应少于5次；平、枯水期，一类站每月测5～10次，二、三类站每月测3～5次。

2. 一类站历年单断沙关系线与历年综合关系线比较，其变化在±3%以内时，每年测次不应少于15次；二、三类站作同样比较，其变化在±5%以内时，每年测次不应少于10次；历年变化在±2%以内时，每年测次不应少于6次，并应均匀分布在含沙量变幅范围内。

3. 单断沙关系线随水位级或时段不同而分为两条以上关系曲线时，每年悬移质输沙率测次，一类站不应少于25次，二、三类站不应少于15次；在关系线发生转折变化处，应分布测次。

4. 采用单断沙关系比例系数过程线法整编资料时，测次应均匀分布并控制比例系数的转折点，在流量和含沙量的主要转折变化处，应分布测次。

5. 采用流量输沙率关系曲线法整编资料时，年测次分布，应能控制各主要洪峰变化过程，平、枯水期，应分布少量测次。

6. 堰闸、水库站和潮流站的悬移质输沙率测次，应根据水位、含沙量变化情况及资料整编要求，分布适当测次。新设站在前三年内应增加输沙率测次。

3.3.3 悬移质输沙率的测验方法

3.3.3.1 垂线布设

悬移质输沙率测验方法，应根据测站特性、精度要求和设备条件等情况分析确定。

测沙垂线布设方法和测沙垂线数目，应由试验分析确定。在未经试验分析前，可采用单宽输沙率转折点布线法。断面内测沙垂线的布置，应根据含沙量横向分布的规律布设，一般情况下，其分布应大致均匀，中泓密，两边疏，以能控制含沙量横向变化转折，正确测定断面输沙率为原则。

测沙垂线数目，一类站应不少于 10 条，二类站应不少于 7 条，三类站应不少于 3 条。断面与水流稳定的测站，测沙垂线应该随测速垂线一起固定下来。用全断面混合法测输沙率时，测沙垂线的数目和位置应按全断面混合法的要求布置。

3.3.3.2 垂线取样方法与测点布设

垂线上取样的目的，在于推求垂线平均含沙量和分析研究含沙量沿垂线的分布规律，其取样方法有选点法、积深法和垂线混合法 3 种。

1. 选点法。在流量测验中，用流速仪在测速垂线各测点测定流速，进而确定垂线平均流速的方法称选点法。在泥沙测验中，通过在测沙垂线上选择一点或几点逐点采集水样，同时测流速，按流速加权的原理计算垂线平均含沙量的方法也称为选点法。

采用选点法时，应同时施测各点流速，选点法的测点位置，应符合表 3-1 的规定。

2. 积深法。泥沙测验中的积深法是指用积时式悬移质采样器在测沙垂线上匀速提放，以连续采集整个垂线上的水样，经处理求得的含沙量和悬移质输沙率的方法。当不宜用选点法，且有 1 m 以上水深时，可用此法。为避免采样器进口流向偏斜过大，提放速度应不超过垂线平均流速的 1/3。取样时，可单程取样，也可以双程取样，在双程取样时，下放和上提的速度可以不同，但无论用何种方法取样，采样器均不得装满。取样时应同时施测垂线平均流速。

表 3-1　不同水流情况选点法测点位置

水流情况	方法名称	测点的相对水深位置
畅流期	五点法	水面、0.2、0.6、0.8 及河底
	三点法	0.2、0.6、0.8
	二点法	0.2、0.8
	一点法	0.6
封冻期	六点法	冰底或冰花底、0.2、0.4、0.6、0.8 及河底
	二点法	0.15、0.85
	一点法	0.5

说明：相对水深为仪器入水深与垂线水深之比。在冰期，相对水深应为有效相对水深。

3. 垂线混合法。在测沙垂线的有关测点上，按规定的要求分别取样，混合成一个水样，处理后的含沙量即为垂线平均含沙量。根据仪器的不同，可采用按取样历时比例取样混合和按容积比例取样混合两种取样方法。

(1) 按取样历时比例取样混合时，各种取样方法的取样位置与历时，应符合表 3-2 的规定。

表 3-2　不同采样方法采样位置与历时

采样方法	采样的相对水深位置	各点采样历时(s)
五点法	水面、0.2、0.6、0.8 及河底	$0.1t$、$0.3t$、$0.3t$、$0.2t$、$0.1t$
三点法	0.2、0.6、0.8	$t/3$、$t/3$、$t/3$
二点法	0.2、0.8	$0.5t$、$0.5t$

说明：t 为垂线总取样历时。

(2) 按容积比例取样混合时，取样方法应经试验分析确定。

测验河段为单式河槽且水深较大的站，可采用等部分水面宽全断面混合法进行悬移质输沙率测验。各垂线采用积深法取样，仪器提放速度和仪器进水管管径均应相同，并应按部分水面宽中心布线。

矩形断面用固定垂线取样的站，可采用等部分面积全断面混合法进行悬移质输沙率测验。每条垂线应采用相同的进水管嘴、取样方法和取样历时，每条垂线所代表的部分面积应相等。

当部分面积不相等时，应按部分面积的权重系数分配各垂线的取样历时。

断面比较稳定的站，可采用等部分流量全断面混合法进行悬移质输沙率测验。

各垂线水样容积及所代表的部分流量均应相等。

3.3.3.3 垂线取样方法和垂线布置的限差

各类站用输沙率测验方法确定断面平均含沙量时，经试验分析，其垂线取样方法和垂线布置的允许误差，不应超过表 3-3 的规定。

表 3-3 垂线取样方法和垂线布置的允许误差

测站类别	垂线取样方法的相对标准差	垂线布置的相对标准差	垂线取样方法的系统误差		垂线布置的系统误差	
			全部悬沙	粗沙部分	全部悬沙	粗沙部分
一类站	6.0	2.0	±1.0	±5.0	±1.0	±2.0
二类站	8.0	3.0	±1.5	—	±1.5	—
三类站	10.0	5.0	±3.0	—	±3.0	—

3.4 误差控制

3.4.1 测验方法误差控制

1. 垂线测验方法和垂线布设应经试验分析检验，当误差超过允许范围时，应改进垂线测验方法。

2. 一类站的输沙率测验，除水深小于 0.75 m 外，不得采用一点法。

3. 一类站用五点法测验时，其最低点位置，如无试验资料证明，可置于相对水深 0.95 处。

4. 一类站采用积深法取样时，仪器进水口至河底距离，不宜超过垂线水深的 5%。

5. 当含沙量横向分布和断面发生较大变化时，应及时分析资料，调整测沙垂线位置和垂线数目。

3.4.2 测验仪器及操作误差控制

1. 一类站采用瞬时采样器采样，同一测点宜重复采样不少于 2 次。

2. 当悬索偏角超过 30°时，不宜采用积深法取样。

3. 使用积时式采样器，应经常检查仪器进口流速，发现显著偏大或偏小时，应查明原因，及时处理。

4. 在各种测验设备条件下，应保证仪器能准确地放至取样位置，采样器的进水口不得露出水面或进入河床；测沙仪感测区中心应置于测验位置，感测区不得露出水面或进入河床。

5. 使用普通瓶式采样器时，宜用手工操作双程积深。

6. 用积时式采样器采样时，应检查和清除进水管口积沙。

第 4 章　降水量观测

降水是大气中的水汽凝结后以液态水或固态水降落到地面的现象。开展降水量观测，目的是系统地观测和收集降水资料，并将实时观测的降水资料及时报送有关部门，直接为防汛防旱、水资源管理等服务。

4.1　基本概念

4.1.1　降水量

降水量是指从天空降落到地面上的液态或固态（经融化后）水，未经蒸发、渗透、流失，而在水平面上积聚的深度，单位为 mm。每日降水以北京时间 8 时为日分界，即从昨日 8 时至今日 8 时的降水为昨日降水量。

4.1.2　降水强度

降水强度是指单位时间内的降水量，常用单位是毫米/日（mm/d）、毫米/小时（mm/h）。

根据降水强度，可将降雨分为小雨、中雨、大雨、暴雨、大暴雨和特大暴雨 6 种，将降雪分为小雪、中雪、大雪和暴雪 4 种。具体分类情况详见表 4-1 和表 4-2。

表 4-1　各类雨的降水量标准　　单位：mm

种类	24 h 降水量	12 h 降水量
小雨	<10.0	<5.0
中雨	10.0～24.9	5.0～14.9
大雨	25.0～49.9	15.0～29.9
暴雨	50.0～99.9	30.0～69.9
大暴雨	100～249.9	70.0～139.9
特大暴雨	≥250.0	≥140.0

表 4-2　各类雪的降水量标准　　单位：mm

种类	小雪	中雪	大雪	暴雪
24 h 降水量	<2.5	2.5～4.9	5.0～9.9	≥10.0
12 h 降水量	<1.0	1.0～2.9	3.0～5.9	≥6.0

4.2　观测设备

4.2.1　设施设备

降水量观测设备主要包括人工雨量器和自记雨量计两种。

人工雨量器(图 4-1)主要由承雨器、储水筒、储水器和器盖等组成，并配有专用量雨杯，主要适用于驻守观测的雨量站观测液态和固态降水量。

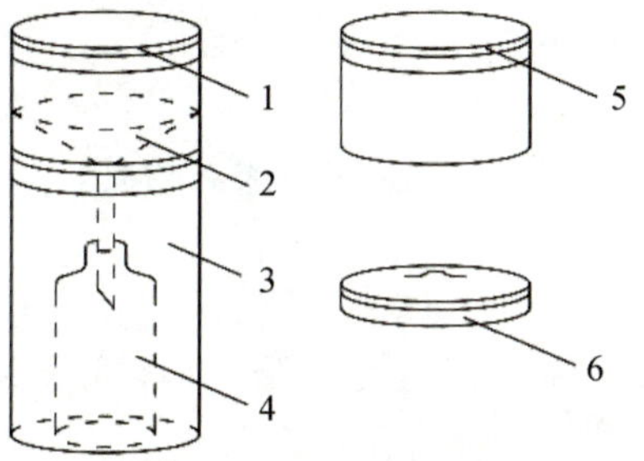

1—承雨器；2—漏斗；3—储水筒；4—储水瓶；5—承雪器；6—器盖

图 4-1　人工雨量器

自记雨量计有翻斗式、称重式、轮盘斗式和虹吸式等类型，目前采用较多的是翻斗式自记雨量计，它主要由传感器和存储装置构成(如图 4-2 所示)。

4.2.2　设施设备保养

1. 观测场

1) 保持观测场地地面平整、清洁，无杂物，排水通畅，确保下雨时无积水。

2) 应及时清理场地四周杂草、树木枝叶等，修剪四周生长过高的树木，使场地满足降水量观测场地的规范要求。

3) 定期油漆栅栏，栅栏破损时及时更换。

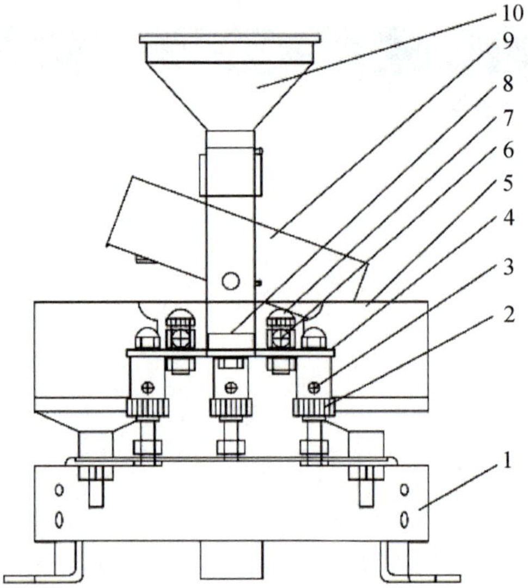

1—底座；2—调平螺帽；3—调平锁紧螺钉；4—工作平台；5—集水罐；
6—调斗锁紧螺钉；7—调斗螺钉；8—圆水准气泡；9—翻斗；10—漏斗

图 4-2　翻斗式雨量计结构图

2. 人工雨量器

1）观测时，应检查人工雨量器有无变形，漏斗有无裂纹，储水筒有无漏水，器口是否水平。

2）及时清除承雨器中的树叶、昆虫等杂物，保持仪器内外清洁。

3）应定期清洗储水器、储水筒和量雨杯。

3. 翻斗式自记雨量计

1）定期对自记雨量计进行清洗、维护，确保自记雨量计运行正常。

2）预报有降雨时，降雨前应检查设备是否正常，并及时清除承雨器中的树叶、昆虫等杂物，保持仪器内外清洁；暴雨时适当增加巡测次数。

4.3　观测方法及要求

4.3.1　人工雨量器观测

1. 观测时段

非汛期 2 段制（20 时、8 时）观测，汛期 4 段制（14 时、20 时、2 时、8 时）观测，遇暴雨时应随时增加观测段次，以满足资料整编和水情报汛需要。

2. 液态降水量观测

1）使用量雨杯读数时，视线应与水面凹面最低处齐平，观读至量雨杯的最小刻度，并立即记录，然后校对读数一次。降水量很大时，可分别记在备用纸上，然后累加得其总量，并记录在降水量人工观测记载簿中。

2）观测时如遇较大降水，应取出储水筒内的储水器，放入备用储水器，然后到室内用量雨杯测记降水量。如降水很小或已停止，可携带量雨杯到现场测记降水量。

3）暴雨时，应及时更换储水器，防止降水溢出。如已溢流，应同时更换储水筒，并量测筒内降水量。

4）如遇特大暴雨，无法进行正常观测工作时，应及时进行暴雨调查，调查估算值应记入降水量人工观测记载簿中，并加文字说明。

5）为减少蒸发损失，应在降水停止后及时观测降水量。

6）观测后应清除储水器、储水筒和量雨杯内的积水。

3. 固态降水量观测

1）在降雪或降雹时，应卸下承雨器的漏斗或将承雨器换成承雪器，取去储水器，用储水筒承接雪或雹，在规定的观测时间用备用储水筒替换，并将换下来的储水筒加盖带回室内处置。

2）固态降水量测量方法

(1) 取回室内的储水筒内的雪或雹，经自然融化后（不得用火烤），用量雨杯量测。

(2) 取定量温水加入储水筒融化雪或雹，用量雨杯测出总量，减去加入的温水量，即得雪或雹量。

(3) 配有感量不大于 1 g 台秤的站，可用称重法。称重前应将附着在储水筒外的降水物和泥土等清除干净，用台秤称出总质量，将储水筒内降水物清理干净后，再称出储水筒的质量，根据下列公式换算成降水量。

$$P=\frac{4\ 000(G_1-G_2)}{\pi\rho d^2}$$

式中：P——降水量，mm；

G_1——降水物和储水筒总质量，g；

G_2——储水筒质量，g；

π——圆周率，可取 3.14；

ρ——降水物融化成水的密度，g/cm³，可取 1.0 g/cm³；

d——人工雨量器承雨器口直径，mm。

(4) 遇固态降水时应记录降水物符号。降水物符号应记于降水量数值的右侧，单纯降雨或无人驻测的雨量站不注记降水物符号。降水物符号见表 4-3。

表 4-3　降水物符号表

降水物	雪	有雨，也有雪	有雹，也有雪	雹或雨夹雹	霜	雾	露
降水物符号	*	• *	A*	A	U	≡	Ω

4.3.2　翻斗式雨量计观测

1. 做好遥测雨量与人工雨量的比测工作。
2. 降雪期雨量计停止观测，采用人工观测。
3. 当雨量计发生故障时，采用人工观测，直至雨量计恢复正常。

4.4　误差控制

1. 风力误差

风力误差的成因：在观测场环境符合降水量观测要求的条件下，高出地面安装的雨量器(计)，在有风时阻碍空气流动，引起风场变形，在器口形成涡流和上升气流，器口上方风速增大，使降水迹线偏离，导致仪器承接的降水量系统偏小。

风力误差是降水量观测系统误差的主要来源，一般可使年降雨量偏小 2%～10%，降雪量偏小 10%～50%。应按下列要求将年降水量的风力误差控制在 3%以内。

1) 观测场地周围有障碍物阻碍气流运动，会导致降水量观测值偏大或偏小，且误差很难确定，故应重视场地查勘，使勘选的观测场地环境符合要求。

2) 人工雨量器安装高度为 0.7 m，自记雨量计安装高度为 0.7 m 或 1.2 m。

2. 湿润误差

湿润误差的成因：在干燥情况下，降水开始时，雨量器有关构件要沾滞一些降水，致使降水量系统偏小。

每次降水量的湿润损失，一般为 0.05～0.3 mm，一年累积湿润损失量，可使年降水量偏小 2%左右；降微量小雨次数多的干旱地区，年降水量偏小 10%左右。

应通过提高雨量器各雨水通道、储水器和量雨杯的光洁度，保持仪器各部件洁净，无油污、杂物，以减少器壁沾滞水量，尽可能地将湿润误差控制在2%以内。

3. 蒸发误差

蒸发误差是指降水汇集入储水器、雨停后截留在翻斗内的降水量，因蒸发作用而受到的损失。

蒸发损失量可占年降水量的1%～4%。应按下列要求将蒸发误差控制在2%以内：

1）每次降水停止后，及时观测储水器承接的降水量；

2）尽量提高仪器各接水部件的密封性能。

4. 仪器误差

仪器误差来源于仪器调试不合格、器口安装不水平、仪器受碰撞变形等引起的偶然误差，属于人为误差。如果这些问题得不到及时纠正，就会成为系统误差，应力求避免。可通过选用合格仪器，精心安装调试，经常校正仪器，来减少仪器误差。

5. 测记误差

由于观测人员的视差、错读错记、操作不当和其他事故造成的偶然误差，一般通过训练，提高观测人员的操作水平和责任心，可减少测记误差至忽略不计。

第 5 章　蒸发量观测

水面蒸发是水循环过程中的一个重要环节，它是水库、湖泊等水体水量损失的主要部分之一，也是研究陆面蒸发的基本参证资料。在水资源评价、水文模型确定、水利水电工程和用水量较大的工矿企业规划设计和管理中都需要水面蒸发资料。

5.1　基本概念

5.1.1　蒸发

水由液态或固态转变成气态、逸入大气中的过程称为蒸发。

5.1.2　蒸发量

在一定时段内，液态水和固态水变成气态水逸入大气的量，常用蒸发掉的水层深度表示，单位为 mm。

5.2　观测设备

5.2.1　设施设备

常用的蒸发仪器有蒸发皿、标准水面蒸发器(E601，结构如图 5-1 所示)。

蒸发皿为口径 20 cm、壁厚 0.5 mm 的铜质桶状器皿。

标准水面蒸发器由蒸发桶、水圈、量测装置、溢流桶等组成，为目前最常用的蒸发量观测设施。

5.2.2　E601 蒸发器保养

1. 保持水体清洁，据情换水，宜 1 个月换水一次。

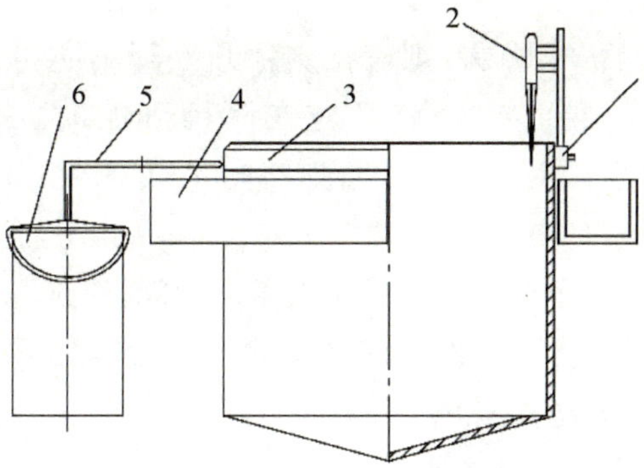

1—插座；2—测针；3—标准蒸发桶；4—水圈；5—橡皮管；6—溢流桶

图 5-1　E601 蒸发器结构图

2. 每年应至少进行一次渗漏检验。

3. 保护测针座不受碰撞和挤压。

4. 发现蒸发桶、水圈、溢流桶等发生损坏、锈蚀情况时应及时进行处理。

5. 测针每次使用后应用软布擦干放入盒内，拿到室内存放。还应注意检查音响器的电池是否良好，线路是否完好。

6. 应经常检查蒸发器的埋设情况，发现蒸发器下沉倾斜，水圈位置不准，防坍墙破坏等情况时，应及时修整。

5.3　观测方法及要求

5.3.1　非冰期水面蒸发观测

1. 观测时间和次数

1) 水面蒸发量每日 8 时观测一次。辅助气象项目（温度、湿度、风向、风速等）应于每日 8 时、14 时、20 时、2 时观测，条件受限的可不测 2 时或按 8 时、20 时观测。炎热干燥的天气，应在降水停止后立即进行观测。

2) 没有辅助项目的在正点前 10 min 到达蒸发场，有辅助项目的在正点前 20 min 到达蒸发场，检查仪器设备是否正常，正点测记蒸发量，然后测记降水量和溢流水量。

2. 进行加测或改变观测时间情况

1) 预计要降暴雨时，应在降暴雨前加测蒸发量，并检查溢流装置是否正常。

如无溢流设施，则应从蒸发器内汲出一定水量，并测记汲出水量和汲水后的水面高度。如加测后 2 h 内仍未降雨，则应在实际开始降雨时再加测一次水面高度。如未预计到降暴雨，降雨前未加测，则应在降雨开始时立即加测一次水面高度。降雨停止或转为小雨时，应立即加测器内水面高度，并测记降水量和溢流水量。

2）遇大暴雨时，估计降水量已接近充满溢流桶时，应加测溢流水量。

3）若观测正点时正在降暴雨，蒸发量的测记可推迟到雨止或转为小雨时进行。但辅助项目仍须按时进行观测。

3. 标准水面蒸发器观测方法要求

1）将测针插到测针座的插孔内，使测针底盘紧靠测针座表面，将音响器的极片放入蒸发器的水中。先把针尖调离水面，如遇较大的风，应将静水器上的盖板盖上。待静水器内水面平静后，即可旋转测针顶部的刻度圆盘，使测针向下移动。当听到讯号后，将刻度圆盘反向慢慢转动，直至音响停止后再正向缓慢旋转刻度盘，第二次听到讯号后立即停止转动并读数。每次观测应测读两次。要求读至 0.1 mm，两次读数差不大于 0.2 mm，即可取其平均值。

2）在测记水面高度后，应目测静水器顶缘高出或底缘没入水面是否小于 1.0 cm。小于该值时应向桶内加水或汲水，使水面介于静水器中间位置。每次调整水面后，都应按上述要求测读调整后的水面高度两次，并记入记载簿中。如器内有污物或小动物时，应在测记蒸发量后捞出，然后再进行加水或汲水，加水或汲水后应随即测记水面高度，并将情况记于附注栏。

3）遇降雨溢流时，应测记溢流量。溢流量可用台秤称重、量杯量读或量尺测读。但应折算成与标准蒸发器相应的毫米数，其精度应达到 0.1 mm。

4）因降水或其他原因，致使蒸发量为负值时，记 0.0。

5.3.2 冰期水面蒸发观测

1. 蒸发器内间歇地出现几次结有零星冰体或冰盖的站，整个冰期仍用标准水面蒸发器，按非冰期的要求进行观测。结有冰盖的几天可停止逐日观测，待冰盖融化后，观测这几天的总量。停止观测期间应记合并符号↓，但不应跨月、跨年。

2. 当月初或年初蒸发器内结有冰盖时，应沿着器壁将冰盖敲离，使之呈自由漂浮状态后，仍按非冰期的要求，测定自由水面高度。

5.4　误差控制

1. 气象误差。包括:剧烈天气现象,如强降水、冰雹、大风等造成蒸发器内水量非正常损失;当长时间降水,温度偏低、空气湿度接近饱和时,蒸发器水面附近空气可能已经饱和或过饱和,造成蒸发误差;强沙尘天气带入沙尘使蒸发量偏大,造成蒸发误差。

2. 观读误差。包括:振动或观测时风力较大,水面波动,从而使静水器内水面不稳定而造成的观测误差;观测时测针转动频繁,圆盘与测针插座表面磨损严重,测针不垂直以及测针针尖与水面接触不准确而引起的读数误差。因此,在观测蒸发量时应选择符合标准的观测设备,并在静水时观测数据。

3. 时间误差。由蒸发量与降水量的不同步观测而造成的误差。如果蒸发量观测早于降水量观测,蒸发量将偏大,反之蒸发量将偏小。在观测蒸发量与降水量时需要同步,以减少时间误差。

4. 仪器计量误差。该误差一般为由仪器本身测量精度造成的系统误差和随机误差。在购买仪器时需要到正规厂家购买,以此减少仪器计量误差。

第 6 章　水文资料整编

水文资料整编是对原始水文资料按《水文资料整编规范》《水文年鉴刊印规范》进行整理、分析、统计、审查、汇编、存储、刊印等一系列技术处理工作。

6.1　原始资料

6.1.1　资料分类

水文原始资料可分为说明资料、基本资料和调查资料。

1. 说明资料

1）整编说明。

2）水位、水文站一览表。

3）降水量、水面蒸发量站一览表。

4）水位、水文站分布图。

5）降水量、水面蒸发量站分布图。

6）水文要素综合图表。

7）测站考证图表：测站说明表、测验河段平面图、水文站以上（区间）主要水利工程基本情况表、水文站以上（区间）主要水利工程分布图、陆上（漂浮）水面蒸发场说明表及平面图。

2. 基本资料

基本资料包括水位、流量、输沙率、降水量、水面蒸发量等资料。

3. 调查资料

调查资料包括水量调查、暴雨调查、洪水调查以及其他调查资料。

6.1.2　资料收集与整理

1. 整编开始前，应收集原始资料、考证资料、水文调查成果、历年整编有关情况以及测验工作中的有关分析图表和文字说明。

2. 各项目的原始资料必须经过初作、一校、二校工序后方可进行整编。考证、定线、数据整理、综合图表类等资料均应做齐三道工序。

3. 应着重检查测验、计算方法及实测成果的合理性。

6.2　水文资料整编技术要求

6.2.1　整编内容

6.2.1.1　一般规定

1. 汛期界定:淮河流域5月1日—9月30日为汛期。

2. 应根据测站特性、整编项目的测验情况,合理选用整编方法。

3. 在整编过程中,应全面了解测验情况并深入进行资料分析,做到推算方法正确,符合测站特性。对整编成果应进行合理性检查,以分析研究各水文要素的变化规律,使成果合理可靠。

4. 编制图表及计算应包括各种过程线图、要素相关图、各种实测成果表及其他辅助计算图表等。

5. 测站迁移时的资料处理要求

1) 当基本水尺断面在同一河流迁移时,如迁移前后的各级水位差一般不超过3 cm,且集水面积或年径流量变化不超过±3%,则站名不变。

2) 当基本水尺断面在同一河流迁移时,如迁移前后的各级水位差超过3 cm但水位相关关系良好,断面以上集水面积或断面年水、沙量变化一般一类精度站在±5%内,二、三类精度站在±10%内,则原断面的站名不变,新断面的站名之后用括号注明断面序号。当年的水位应换算到资料较长的断面整编。

3) 当基本水尺断面迁移较远以致超过上述标准,或水系河流发生变化,应作新设站处理。新、老断面当年资料应分别整编。

4) 当流量测验断面迁移时,当年的流量、输沙率等项目资料,应经资料分析后由整编单位确定是否分别按新、旧断面整编。

5) 降水量、水面蒸发量观测地点迁移时,平原地区站在5 km以内,山丘区站在2.5 km以内且在山丘区垂直高差不超过±50 m,迁移前后的地形、气候条件基本一致的,站名不变。

6) 无论是合并还是分别整编,均应在资料整编说明书中予以说明。

6. 当缺测资料时间较短、次数较少时,应通过邻站或上、下游站资料对照或用其他方法进行分析插补，并应予以说明。

7. 全年未过水站的资料处理

1）对于常年站，则应编入一览表，并编制相应的逐日平均流量表，流量为“0”。

2）对于大洪水年份的分洪站（断面），则不编入一览表，在编印说明中说明断面及资料成果相对于上一年的变动情况。

8. 月极值发生在日分界时，发生日期记为后一日。

9. 各种水文要素摘录表，摘录过程的结束时间正好位于日分界时，一律记为后一日“0时”。

6.2.1.2　水位资料

1. 水位、水文站的水位有独立使用价值的，应编制逐日平均水位表。

2. 洪水期日平均水位不能代表水位变化过程的水位站，应编制洪水水位摘录表。

6.2.1.3　流量资料

1. 大江大河干流站可靠资料的全部测次，中小河流、大型水库溢洪道、坝下断面、大型渠道站，应编制实测流量成果表。

2. 大中河流水文站应编制实测大断面成果表，水库溢洪道、坝下断面、大型渠道站可根据需要编制。

3. 采用堰闸水力因素推求流量的站应编制堰闸流量率定成果表。

4. 采用水力因素、电功率推求流量的站应编制水电（抽水）站流量率定成果表。

5. 河道、水库、堰闸站及有需要的渠道站应编制逐日平均流量表。

6. 洪水期日平均值不能代表水位、流量、含沙量变化过程的河道站应编制洪水水文要素摘录表。

7. 洪水期或有需要的堰闸站应编制堰闸洪水水文要素摘录表。

8. 水库站应编制水库水文要素摘录表。

6.2.1.4　输沙率资料

1. 实施悬移质输沙率测验的站应编制实测悬移质输沙率成果表、逐日平均悬移质输沙率表或悬移质输沙率月年统计表、逐日平均含沙量表，仅有低沙测次的年份可不编制实测悬移质输沙率成果表。

2. 洪水期日平均含沙量不能准确反映洪水含沙量变化过程，且洪水水文要素摘录表未编制含沙量要素的站，应编制洪水含沙量摘录表。

6.2.1.5　降水量资料

1. 全年或汛期连续 4 个月观测降水量的站应编制逐日降水量表。

2. 四段制及四段制以上观测站（人工、自记）应编制降水量摘录表。

3. 采用自记资料整编的站应编制各时段最大降水量表(1)，站网密度较大的地区可选择代表站编制；按四段制及四段制以上人工观测，未编制各时段最大降水量表(1)的站应编制各时段最大降水量表(2)。

6.2.1.6　水面蒸发量资料

1. 观测水面蒸发量的站应编制逐日水面蒸发量表，采用不同口径的蒸发器和蒸发池同步观测的资料，应平行编制。

2. 水面蒸发量辅助项目月年统计表的编制可由复审单位确定。

6.2.2　整编方法

6.2.2.1　测站考证

1. 对测站的设立、停测、恢复、迁移、测站性质和类别及领导关系的变动等较大事件的发生时间、变动情况等，应进行测站沿革考证，并应于当年考证清楚。

2. 对测验河段及其附近河流情况应进行考证，考证内容应包括：测验河段顺直长度及距弯道距离；高中水控制条件；河床组成、冲淤、河岸坍塌及河道开挖治理情况；高水分流、漫滩和枯水期浅滩、沙洲出现情况；附近有无支流汇入及引排水工程；上下游附近固定或临时性阻水建筑物；感潮河流段的潮汐影响程度；工矿废水排入等。

3. 遇有下列情况之一时，应及时考证：

1) 测站迁移或测验断面、测验河段有较大改变者；

2) 测站特性受断面上下游水利工程和其他人类活动影响有较大变化者；

3) 基本水尺断面或中高水测流断面迁移，超出原来刊印的图幅范围者；

4) 引据水准点、基本水准点、基面或测验设施有重大变动者；

5) 测站性质改变，如水位站改为水文站者；

6) 水文站以上（区间）水利工程有较大变动者；

7）水文站以上集水区界限有较大变动者；

8）陆上（漂浮）水面蒸发场迁移或仪器、场地有较大变动者。

4. 断面及主要测验设施布设情况考证

1）应查清基本水尺断面、测流断面和比降水尺断面的布设情况和相对位置。如某断面迁移，应查清其迁移的时间、原因、距离及方位等。

2）应查清主要测验设施建成年月及使用、更新、改建情况等。

5. 基面和水准点考证

1）查清本站采用的冻结基面（或测站基面，下同）与绝对基面（或假定基面）表示高程之间的换算关系。如果因水准网复测、平差或变换绝对基面，使引据水准点高程数值变动时，则本站水准点的绝对高程和冻结基面与绝对基面间的高差应做相应的改变，而水准点用冻结基面表示的高程仍应保持不变。

2）查清各水准点本身有无因自然或人为因素影响，使高程数值发生变动。如果某水准点发生上升或下沉变动时，则其用冻结基面和绝对基面表示的高程均应做相应的改变。考证时，应根据水准点校测记录，分析判明变动的原因与时间，以确定各个时期的正确高程数值。

6. 水库、堰闸站应对水库或堰闸工程指标进行考证。

7. 对测站以上（区间）主要水利工程基本情况应进行考证，并查清其分布及变动情况。

8. 对陆上（漂浮）水面蒸发场的沿革、附近地势以及场地周围障碍物的变动情况应进行考证。

6.2.2.2 水位资料整编

1. 考证水尺零点高程

应对本年接测和校测的各次水尺零点高程记录全面了解，列表比较。如有变动，应调查分析变动的原因、情况和时间，以确定两次校测间各时段采用的水尺零点高程及改正方法与数值。

2. 水位过程线处理

当出现水尺零点高程变动、短时间水位缺测或观测错误时，应对观测水位进行改正或插补。

1）当确定水尺零点高程变动的原因和时间后，可根据变动方式进行水位改正。

2）水位插补可根据不同情况分别选用下列方法。

(1) 直线插补法：当缺测期间水位变化平缓，或虽变化较大，但与缺测前后水位涨落趋势一致时，可用缺测时段两端的观测值按时间比例内插求得。

(2) 过程线插补法：当缺测期间水位有起伏变化，如上(或下)游站区间径流增减不多、冲淤变化不大、水位过程线又大致相似时，可参照上(或下)游站水位起伏变化勾绘本站过程线进行插补。洪峰起涨点水位缺测，可根据起涨点前后水位的落、涨趋势勾绘过程线插补。

(3) 相关插补法：当缺测期间的水位变化较大，或不具备上述两种插补方法的条件，且本站与相邻站的水位之间有密切关系时，可用此法插补。相关曲线可用同时水位或相应水位点绘。如当年资料不足，可借用往年水位过程相似时期的资料。

3) 当采用自动监测资料进行水位整编时，应先进行精简。当水位过程呈锯齿状时，宜采用中心线平滑方法进行处理；当水位过程平缓时，可采用摘录的方式进行处理，并应符合下列要求：

(1) 处理后的水位变化过程应完整。

(2) 经处理以后计算的日平均水位与采用所有数据计算的日平均水位相差不宜超过 2 cm。

(3) 有流量资料整编的测站，处理后的水位变化过程应满足推求流量的要求。

3. 编制逐日平均水位表，水位站可编制洪水水位摘录表

1) 一日内水位变化平稳，只观测一次水位时，该次水位值即可作为当日的日平均水位。

2) 一日内观测一次以上水位者，采用面积包围法计算日平均水位。

3) 按规定几天观测一次水位时，未观测之日可不计算日平均水位，逐日平均水位表中逐日栏内任其空白；月初、月底及有其他需要的，可按直线插补求得日平均水位值。

4. 编制水位资料整编说明表。

6.2.2.3　河道站流量资料整编

1. 编制实测流量成果表和实测大断面成果表

1) 实测流量成果表

(1) 连续多次流量、最大流速、平均流速为“0”的测次，只保留起止为“0”的测次，其余省略，施测号数不变。省略的测次在表末说明。

(2) 除上条规定可省略的流量、在线测流流量以及确认不可靠的流量测次外，所有实测流量均应整编，列入实测流量成果表。

(3) 实测流量成果表中不同测次，借用同一次实测大断面成果时，同水位的断面面积、水面宽、平均水深、最大水深应基本合理。

(4) 当采用实测断面时，时间间隔较短的相邻测次，同水位的断面面积、水面宽、平均水深、最大水深不应有较大矛盾，否则应在表末说明原因。

(5) 对于具有特殊性的河道(如新沂河沭阳水文站以下、邳苍分洪道，中低水位分为两个断面过水，高水时合二为一)，应清楚说明断面实测流量的刊布位置，以利资料使用。

(6) 堰闸站因不能准确率定流量系数的测次，如果编入实测流量成果表，应在实测流量成果表的表末对堰闸流量率定测次进行说明。

2) 实测大断面成果表

凡以测时水位与实测水深计算河底高程的，均应填写测时水位。测时水位应与成果表中水边点高程相对应。直接用水准测量测得各垂线河底高程，当为河(渠)干时，测时水位填“河(渠)干”，并删去单位“m”；否则，测时水位可任其空白。

2. 水位-流量关系定线推流

1) 水位-流量关系绘制要求

(1) 以同一水位为纵坐标，自左至右，依次以流量、面积、流速为横坐标点绘于坐标纸上。选定适当比例，使水位-流量、水位-面积、水位-流速关系曲线分别与横坐标成45°、60°、60°的交角，且三条曲线互不相交。

(2) 流量变幅较大，测次较多，水位-流量关系点分布散乱的，可分期点绘关系图，再综合绘制一张总图。

(3) 水位-流量关系曲线下部，读数误差超过2.5%的部分，应另绘放大图，流量很小时可适当放宽。

(4) 水位-流量关系曲线应绘出上年末与下年初各3～5个测点，以确保年头年尾流量的衔接。

2) 对于测站控制良好，各级水位-流量关系都保持稳定的测站，且定线允许误差符合水位-流量关系定线精度要求的，可采用单一曲线法定线推流。采用单一曲线法整编资料的测站，流量测验符合《河流流量测验规范》(GB 50179—2015)规定的间测条件，并实施间测时，间测期间可采用上一年度或历年综合关系线进行整编。

3) 对于测站控制条件和河床在一定时期内基本稳定，但在局部时段内存在变化或受结冰影响的测站，可采用临时曲线法定线推流。

4) 对于受经常性冲淤、水草生长影响或结冰影响的测站，可采用改正水位法定线推流。

5）对于结冰期无冰塞、冰坝壅水现象或受水草生长影响的测站，可采用改正系数法定线推流。

6）对于受结冰如冰塞、冰坝及其他因素影响，水位突然壅高的测站，可采用切割水位法定线推流。

7）对于受变动回水影响，且断面基本稳定的测站，可采用等落差法定线推流。

8）受变动回水影响的测站，可采用定落差法、落差指数法定线推流。

9）受洪水涨落影响的测站，可采用校正因数法定线推流。

10）受洪水涨落影响的测站，当测验河段基本稳定，且下游不受变动回水影响时，可运用抵偿河长法原理，采用上游站水位法或本站水位后移法进行定线推流。

11）受某一因素或多种因素混合影响的测站，可采用连时序法定线推流。

12）断面冲淤、变动回水、水草生长和结冰等多种因素导致水位-流量关系紊乱的测站，可采用连实测流量过程线法定线推流。

3. 数据整理

使用流量实时自动监测，实测流量过程数据量较大时，可进行精简摘录，摘录的成果应能反映流量变化的完整过程，并满足计算日平均流量及特征值统计的需要。

4. 整编逐日平均流量表及洪水水文要素摘录表

1）逐日平均流量表推求要求

(1) 凡使用时段较长的水位（或其他水力因素）与流量（或流量系数）关系曲线，可编制水位-流量关系表。

(2) 当水位-流量关系曲线较为平直，水位及其他有关水力因素在一日内变化平缓时，可根据日平均水位推求日平均流量。

(3) 用瞬时流量计算日平均流量可选用面积包围法或算术平均法。

(4) 以面积包围法求得的日平均值作为标准值，其他方法求得的日平均值与其相比，允许相对误差：中高水为±2%，低水为±5%，流量很小时可适当放宽。

(5) 年头年尾与上下年流量应衔接。

2）流量月平均值及特征值推求要求

(1) 月平均流量：以月内各日日平均值的总数除以该月的日数得之。

(2) 水位-流量关系曲线为单一曲线者，月最高、最低水位推求的流量即为月最大、最小流量。

(3) 水位-流量关系为水力因素法（或单值法处理）定线或时序型曲线，应先从该月高水、低水中推求出若干可能为最大、最小的数值，再从中挑选月最大、最小流量。用实测流量过程线法者，在过程线上选取。

（4）编制几股水流的合成逐日平均流量表时，应在该月高水、低水时期，分别推求各股水流瞬时流量，将各股相应时间的流量相加，求出瞬时总流量，再挑选最大、最小流量。无独立使用价值的应在附注中说明。

3）流量年平均值及特征值推求要求

（1）年平均流量：以年内各日日平均值的总数除以年的日数求得；年最大、最小流量及日期在各月最大、最小中挑选其值及相应日期。

（2）径流量：以年内各日日平均值的总数乘以一日秒数（86 400）得之，单位为 m^3、10^4m^3、10^8m^3。

（3）径流模数：以年平均流量（m^3/s）除以集水面积（km^2），再乘 1 000 得之。

（4）径流深度：以年径流量（m^3）除以集水面积（km^2），再除以 1 000 得之。

（5）河道站断面上游或水库站有实测引出（入）径流量，引出（入）径流量或水库蓄水变量参加或不参加年径流深度及年径流模数计算的，均应在附注栏说明。

（6）洪量统计：在逐日平均流量表中，统计最大 1 日、3 日、7 日、15 日、30 日、60 日洪量。

4）洪水水文要素摘录表摘录要求

洪水水文要素摘录表编制可摘录汛期洪水要素全过程，也可只摘录主要洪峰过程；只有水位、流量资料的站，其含沙量栏可空白；使用流量实时自动监测的，可不编制洪水水文要素摘录表。具体要求如下。

（1）应在水位或流量过程线上选取。

（2）选择各种洪峰类型原则：洪峰流量最大和洪峰总量最大的峰。汛期内能按暴雨特性分成不同时期的，宜包括不同时期的最大洪峰；含沙量最大和输沙量最大的峰；孤立的峰；连续洪峰或特殊峰形的峰；久旱以后的峰。

（3）大河和平原地区的站，如汛期出现历时较长的连续洪峰，而又不易明显划分时，可摘录主汛期洪水过程。

（4）摘录的洪峰应上、下游配套。每年主要洪峰在一个相当长的河段内，上下游站均应摘录；一般洪峰，对相邻站应按“上配下”的原则配套摘录。

（5）各要素须对应摘录。每日 8 时值尽量摘入，其中含沙量只摘录实测值及转折点数值，在能够控制水位、流量、含沙量变化过程的基础上，尽量减少摘录点距。对于水文自动测报站点的水位过程资料，必须首先精简摘录点距。

（6）洪水水文要素摘录时段内，如果包含要素的月年特征值，必须与相关成果表的统计数据完全一致。

5. 编制河道流量资料整编说明表。

6.2.2.4　水工建筑物流量资料整编

1. 编制堰闸流量率定成果表或水电(抽水)站流量率定成果表

1) 堰闸流量率定成果表

(1) 采用堰闸流量系数法推流的实测流量成果均应编入本表,并编率定次序。不采用堰闸流量系数法推流或不能准确计算堰闸流量系数的实测流量成果可编入本表,但不编率定次序。一经编入本表,应保持历年一致。

(2) 水头、水位差不得省略整米数。

(3) 断面面积、平均流速应填写,不得空白。

(4) 用总流量的分裂流量计算流量系数,只对总流量编率定次序,分裂的流量数值应加括号。

(5) 堰闸流量率定成果表中,水位差(ΔZ)计算应符合公式:水位差 $\Delta Z = Z_u - Z_l$,不符合此公式计算的水位差,均应说明。

(6) 堰闸流量率定成果表孔流流量系数,可以采用表中的闸孔过水面积代入公式计算,也可用 B、e 值代入公式计算。计算方法应保持卷册统一。

2) 水电(抽水)站流量率定成果表

(1) 采用效率系数法推流的实测流量成果均编入本表,并编率定次序;不采用效率系数法推流或不能准确计算效率系数的实测流量成果可编入本表,但不编率定次序。率定公式及符号应严格按《水文年鉴汇编刊印规范》(SL 460—2009)执行。

(2) 效率系数:用百分数表示,表头"效率系数 η"加单位"(%)"。效率系数最多取三位有效数字,小数不超过一位。

(3) 非效率系数相关,将数值填入附注列对应行,并在表末说明。

(4) 水电(抽水)站流量率定成果表中的"发电机(抽水机)台数",应按该站资料实际选择"发电机"或"抽水机"。

(5) 水位差 ΔZ 计算公式为:水位差 $\Delta Z = Z_u - Z_l$,不符合此公式计算的水位差,应予以说明。

(6) 本表需要"说明"的内容主要包括:多机组具有不同的额定功率,流量测验方法,以及其他需要说明的问题。

2. 流量关系线拟合

根据堰闸类型、开启情况、流态和实测流量资料,选用流量计算公式,计算流量系数，选取一两个能经常观测到的主要因素，与流量系数建立相关关系。

1）堰闸流量关系线率定

堰闸流量系数可采用表 6-1 所列公式计算。

表 6-1　堰闸流量系数计算公式选用表

公式编号	流量计算公式	相关关系	适用范围	
			出流状态	堰闸类型
1	$Q=C_1Bh_u^{3/2}$	h_u - C_1	自由堰流	一般堰闸
2	$Q=\sigma C_1Bh_u^{3/2}$	h_l/h_u - σ 或 $\Delta Z/h_u$ - σC_1	淹没堰流	一般堰闸
3	$Q=C_2Bh_l\sqrt{\Delta Z}$	h_l - C_2	淹没堰流	平底闸，宽顶堰闸
4	$Q=M_1Be\sqrt{h_u-h_c}$	e/h_u - M_1	自由孔流	平底闸，宽顶堰闸，平板及弧形闸门闸
5	$Q=M_1Be\sqrt{h_u}$	e/h_u - M_1	自由孔流	实用堰，跌水壁闸，平底闸
6	$Q=M_2Be\sqrt{\Delta Z}$	$e/\Delta Z$ - M_2	淹没孔流	一般堰闸

说明：Q—流量，m^3/s；Z_u—上游水位，m；Z_l—下游水位，m；h_u—上游水头，$h_u=Z_u-Z_a$，m；h_l—下游水头，$h_l=Z_l-Z_a$，m；Z_a—闸底或堰顶高程，m；h_c—收缩断面处水深，m；ΔZ—上下游水位差，$\Delta Z=Z_u-Z_l$，m；e—闸门开启高度，m；B—闸孔总宽或开启净宽，m；C_1、C_2—自由、淹没堰流流量系数；M_1、M_2—自由、淹没孔流流量系数；σ—淹没系数。

(1) 流量系数法：根据实测流量率定流量系数，分析获得不同出流情况下的水力因素与流量系数的关系曲线或关系方程式。对水库溢洪闸极少过水，且无条件测流的，以及要求流量精度不高，没有实测流量率定曲线的测站，可用同类型堰闸综合流量系数或经验流量系数推求流量，但应附注说明。

(2) 过水平均流速法：采用实测流量 Q 和闸孔过水面积 A，直接求闸孔过水平均流速 $\overline{V}$，即 $\overline{V}=Q/A$，按堰闸出流情况的不同，可分别点绘 ΔZ-$\overline{V}$（淹没出流）或 h_u-$\overline{V}$（自由出流）关系曲线，据以推流。也可按下列公式求得堰闸过水平均流速公式的系数和指数。

淹没堰流、淹没孔流：$\overline{V}=K_1\Delta Z^n$

自由孔流：$\overline{V}=K_2\Delta h_u^n$

式中：K_1、K_2 ——系数；

n ——指数。

推流时，以不同的 ΔZ 和 h_u 分别代入有关公式，求得堰闸过水平均流速，再乘以相应的过水面积，即得流量。

(3) 关系方程式或经验公式法：根据不同流态，以水力学公式为基础，采用图解分析法或线性回归分析法拟合相应的关系方程式或经验公式进行推流。

① 图解分析法

淹没堰流　$Q = C_c B h_l^{\alpha} \Delta Z^{\beta}$

自由孔流　$Q = M_b B e^{\alpha} h_u^{\beta}$

淹没孔流　$Q = M_c B e^{\alpha} \Delta Z^{\beta}$

式中：C_c 、M_b 、M_c ——流量系数；

α 、β——指数。

图解分析法根据一个或多个自变量，分别采用一元图解与多元图解两种分析方法，求得流量系数和指数。

本节选取杨河滩闸为实例，采用图解分析法进行定线。仅以淹没式孔流公式 $Q = M_c B e^{\alpha} \Delta Z^{\beta}$ 为例，其他流态定线参照本例。

杨河滩闸流量实测资料见表 6-2。

表 6-2　杨河滩闸部分实测资料

序号	水位差(m)	宽度(m)	开高(m)	实测流量(m^3/s)
1	1.98	9.6	1.80	71.7
2	1.97	9.6	1.30	51.7
3	1.85	9.6	1.90	73.2
4	1.88	9.6	1.50	58.2
5	1.85	9.6	2.00	77.0
6	1.73	9.6	2.20	81.9
7	1.60	9.6	0.50	17.9
8	2.26	9.6	0.80	34.1
9	1.89	9.6	1.70	66.2
10	2.22	9.6	0.70	29.5
11	2.15	9.6	0.50	20.8
12	3.96	9.6	0.50	28.2
13	3.29	9.6	0.90	46.2
14	3.34	9.6	0.90	46.6
15	3.54	9.6	0.50	26.6

在上述公式 $Q = M_c B e^{\alpha} \Delta Z^{\beta}$ 中，参数 β 一般选取 0.5，已知 Q、B、e、ΔZ 四个实测参数，求系数 M_c 和指数 α。

通过已知参数计算 $Q/B\Delta Z^{0.5}$，并在双对数纸上点绘 $Q/B\Delta Z^{0.5}-e$ 关系线。其中当 $e=1$ 时，对应的 $Q/B\Delta Z^{0.5}$ 值为系数 M_c，拟合关系线的斜率（实际从图上量取的纵坐标与横坐标值的比值）为指数 α。详细拟合情况如图 6-1 所示。

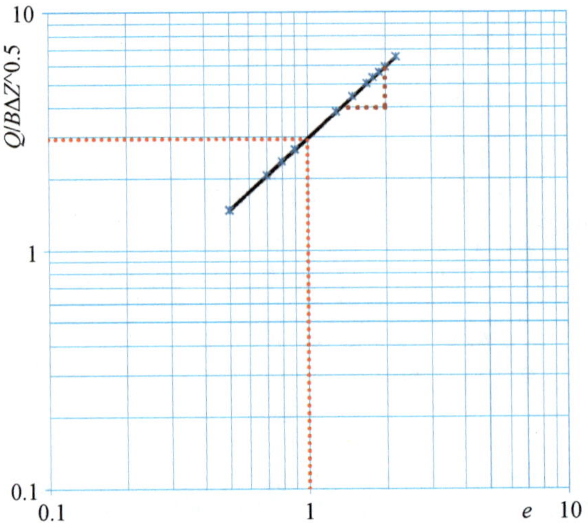

图 6-1　杨河滩闸拟合关系线

② 线性回归分析法：流量计算公式同图解分析法。回归分析是以最小二乘法为原理，求出测验点据离差平方和最小的回归方程各参数。根据变量的多少可分为一元回归与多元回归两种分析方法。

2）水电站流量关系率定

水电站通过实测流量率定效率系数，宜以实测水头 h，实测电功率 N、额定功率 N_1 及两者百分比 $P_1(N/N_1)$ 或限制功率百分比等与效率系数 η 或流量 Q 建立相关关系。

（1）效率法：水电站过水流量可采用 $Q=N/(9.8\eta h)$ 进行计算。

式中：Q——实测流量，m^3/s；

N——电功率，kW；

η——效率（包括水轮机、发电机、变压器、传动装置等效率，以及水头损失等），%；

h——实测水头（反击式水轮机为站上、下水位差；冲击式水轮机为站上水位与喷嘴中心高之差），m。

当多台发电机同时工作时，总流量为各单机流量之和。电站固定的几台机组经常同时开机时，也可作为一台机组率定推流。以实测水头 h 和电功因子与效率系数建立相关关系时，根据选用的不同相关因子，可采用下列几种方法：

① 额定功率百分比法：水电站在满负荷运行发电的情况下，效率 η 值变化不大。当发电功率未达到额定功率 N_1 或与限制出力功率相差较多时，则可用实测率定的效率 η 与 N/N_1 建立相关关系线或按式 $\eta = K_\eta (N/N_1)^a$ 建立。

式中：K_η ——待定常数；

α ——指数；

N_1 ——额定电功率，kW。

点绘 η-(N/N_1) 关系曲线或拟合关系方程式。

本节选取杨河滩闸电站为实例，采用公式 $\eta = K_\eta (N/N_1)^a$ 进行定线。杨河滩闸电站流量实测资料见表 6-3。

表 6-3　杨河滩闸电站部分实测资料

序号	上游水位 (m)	下游水位 (m)	发电功率 (kW)	额定功率 (kW)	功率比	计算系数 (%)	实测流量 (m^3/s)
1	23.13	20.05	470	1 280	0.37	32.3	48.2
2	22.50	19.47	445	1 120	0.40	38.8	38.6
3	22.99	19.64	650	1 280	0.51	41.2	48.1
4	22.55	19.14	650	1 280	0.51	40.1	48.5
5	22.58	19.16	655	1 280	0.51	40.0	48.8
6	22.44	19.02	660	1 280	0.52	41.9	47.0
7	22.61	19.19	670	1 280	0.52	40.1	49.8
8	22.68	19.12	670	1 280	0.52	39.4	48.7
9	22.60	19.07	670	1 280	0.52	39.6	48.9
10	22.44	19.00	675	1 280	0.53	42.5	47.1
11	22.44	18.99	675	1 280	0.53	41.2	48.4
12	22.45	18.98	700	1 280	0.55	40.3	51.1
13	22.45	18.98	700	1 280	0.55	40.5	50.8
14	22.45	18.99	710	1 280	0.55	41.5	50.4
15	22.62	19.24	720	1 280	0.56	42.0	51.8
16	22.77	19.37	760	1 280	0.59	46.2	49.4
17	22.87	19.36	760	1 280	0.59	43.2	51.2

由效率法公式 $Q=N/(9.8\eta h)$，其中实测流量 Q，发电功率 N，水位差 h 均为已知参数，计算相应的效率系数 η。在双对数纸上点绘（N/N_1）- η 的散点图，参照上述图解分析法进行关系线拟合。

图中当功率比（N/N_1）为 1 时，对应的效率系数 η 值为系数 K_η，拟合关系线的斜率(实际从图上量取的纵坐标与横坐标值的比值)为指数 α。详细拟合图形如图 6-2 所示。

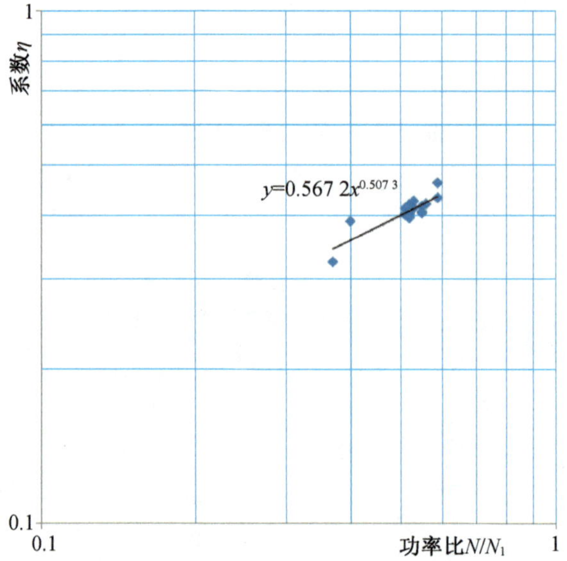

图 6-2　杨河滩闸电站拟合关系线

并非所有电站都能拟合出 $\eta=K_\eta(N/N_1)^\alpha$ 公式，这时只能点绘（N/N_1）- η 关系线。

② 单机功率相关法：因每个发电机的额定电功率 N_1 为一定值，可以直接采用实测电功率 N 与 η 相关，进行整编推流。

③ 三变量相关法：使用反击式水轮机的高水头大、中型电站，如水头 h 变幅很大，实测资料较多，且分布比较均匀，能基本控制 h 和 η 的变化范围，则可用 h - N - η 三变量建立相关关系线，进行整编推流。

(2) 电功因子与出流量直接相关法：根据水电站出流式 $Q=N/(9.8\eta h)$，可建立 Q-(N/h) 相关关系线或按式 $Q=K(N/h)^\alpha$ 建立关系，据此推流。

(3) 水力因素法：水电站在发电机检修、空运行放水或电功仪表故障时，无法按电功记录推流，可采用水力因素与流量系数相关定线，按下式推算流量：

$$Q = \mu a \sqrt{2gh}$$

$$\mu = f(\alpha)$$

$$a = \pi (D/2)^2$$

式中：μ——不同的导叶开高时的流量系数；

α——水轮机导叶开度的百分数；

a——按水轮机转轮直径 D 算得的过水面积，m^2；

h——实测水头，m。

根据实测的 Q、h、a 可建立 a-$(Q/\sqrt{h})$ 的关系式，据此推流。

(4) 用发电量数推算日平均流量：为简化日平均流量的推求，可采用一日发电的电量数 W(kW・h) 与日平均流量 $\overline{Q}$ 乘以日平均水头 $\overline{h}$ 建立关系线，直接推算日平均流量。若一日内实际发电不满 24 h 时，推流时应根据实际的发电时间 t 和电量数 W'，换算成 24 h 的电量数 W 值，采用 $W = W'(24/t)$ 计算，查出 $\overline{Q}\overline{h}$ 乘积值，再计算日平均流量。

3) 电力抽水站流量关系线率定

电力抽水站通过实测单机实测流量率定的效率系数 η 或效能系数 η_k，以抽水净扬程 h、耗用电功率 N 等与 η 绘制关系线，或用单对数纸绘 $\ln(Q/N)$-h 关系线，确定系数、指数，据以推流。

(1) 高中扬程抽水站采用效率法：流量采用式 $Q = \eta' N/9.8h$。

式中：η'——装机效率，%，即(有效功率/耗用电功率)×100%，包括电动机、水泵、传动、水管等效率；

h——抽水站净扬程或站上下水位差，m。当出水射入空气时，以出水管口中心高与站上水位之差为净扬程，增加水头损失 Δh 后，为实扬程 $H_{实}$。

根据式 $Q = \eta' N/9.8h$，用实测率定的抽水站效率 η' 与净扬程 h 和单机功率 N 建立相关关系，据此推流。

(2) 低扬程 0～6 m 的抽水站采用指数函数法，流量采用式 $Q = \eta_k N e^{-\varepsilon h}$ 计算。

式中：η_k——抽水效能系数，相当于扬程为零时 1 kW 电功率的抽水流量；

e——自然对数底；

ε——抽水效能随扬程增加而递减的系数。

根据实测资料，用单对数纸点绘 $\ln(Q/N)$ - h 关系线，即可解得 η_k 及 ε 值。

3. 整编逐日平均流量表、堰闸洪水(或水库)水文要素摘录表

1) 遇孔流、堰流交界时，由于流态不稳，这种临界状态的流量不是单一值，两种流态定线应衔接，可根据实测资料分析出临界值直接计算，或分别按孔流、堰流

出流的相关曲线推算出流量，取其平均值作为瞬时流量。

2）当闸门骤开时，推流采用的水位差，应考虑水流沿程河槽蓄量的影响，使推得流量符合实际情况。

3）换用相关曲线推流接头处应衔接。由于闸门变动，引起流态不同，换用相关曲线推流接头处的流量出现不衔接，若闸门开高不变，由于上下游水位变化引起流态变化，两者推得流量相对偏差不应超过5%。

4）日平均流量的计算方法和要求与河道站相同。但当一日内闸门变动频繁，引起流量多次突变时，应采用面积包围法计算日平均流量。

4. 编制水工建筑物流量资料整编说明表。

6.2.2.5 悬移质输沙率资料整编

1. 实测资料分析与成果数据整理，绘制实测单沙或断沙过程线。

1）采用实时自动仪器监测，实测含沙量过程数据量较大时，应进行精简摘录。摘录的数据应能反应含沙量变化的过程，并满足计算日平均输沙率和含沙量及特征值统计的需要；当实测含沙量记录过程为锯齿形时，应使用中心线平滑进行处理后再摘录。

2）整编时应使用断沙资料；当实测单沙不能推求断沙时，可使用实测单沙资料进行整编。

3）对照水位、流量过程线，检查分析实测单沙或断沙测次对含沙量变化过程的控制及代表性等。

4）分析单断沙（或流量与输沙率）关系点的分布类型、点带密集程度以及影响因素，对于突出偏离的测次，应分析其原因。

5）对于实行间测的测站，若本年有校测资料时，应与历年综合单断沙关系曲线进行对照分析，以检查是否满足用历年综合单断沙关系曲线推沙的条件。

2. 编制实测悬移质输沙率成果表。

3. 绘制实测单样含沙量（简称单沙）与实测断面平均含沙量（简称断沙）关系（简称单断沙关系）曲线，或单断沙比例系数过程线，或流量与输沙率关系曲线，进行关系曲线的分析与检验。

4. 整编逐日平均悬移质输沙率表、逐日平均含沙量表和洪水水文要素摘录表。

1）对于单断沙关系线良好或比较稳定的测站，可采用单断沙关系曲线法进行资料整编。

2）实测输沙率测次能控制断沙变化过程的站，应使用实测断沙过程线法进行资料整编。

3）对于单断沙关系点据散乱，定线精度不符合规定，但输沙率测次较多，且分布比较均匀，能基本控制单断沙关系变化转折点的测站，可采用单断沙比例系数过程线法。

4）当无单沙测验资料或单沙测验资料不完整，而流量与输沙率之间存在一定关系，且输沙率测次基本能控制各主要水、沙峰涨落变化过程时，可采用流量与输沙率关系曲线法推求断沙。

5）对于二类、三类测站，在设站初期或特殊情况下，仅实测单沙时期以及当输沙率测次太少，不能使用上述方法推求断沙时，可采用实测单沙过程线法进行资料整编。

5. 编制悬移质输沙率资料整编说明表。

6.2.2.6　降水量、水面蒸发量资料整编

1. 降水量资料整编

1）对观测记录进行审核，检查观测、记载、缺测等情况。对于自记资料，除检查时间和虹吸的订正外，还应检查故障的处理情况；翻斗式自记资料应检查记录数值与仪器分辨率是否相符，记录时间日误差是否符合有关规范规定。

(1) 当一个站同时有自记记录和人工观测记录时，应使用自记记录。自记记录有缺失、失真等问题的部分，可用人工观测代替，但应附注说明。自记记录无法整理时，可全部使用人工观测记录，同时期的降水量摘录表与逐日降水量表所依据的记录，应完全一致。

(2) 做各时段最大降水量表(1)的站，根据降水强度转折情况宜按 5 min 选摘数据；做各时段最大降水量表(2)的站，自记记录宜按 24 段制摘取数据，人工观测记录根据观测段制整理数据。

(3) 降水量的插补：缺测之日，可根据地形、气候条件相近的邻近站降水时程分布情况，采用邻站平均值法、比例法或等值线法进行插补；自记仪器出现故障，降水过程不准确但其时段总量准确，或有准确的人工观测总量，以时段或日量插补，不加插补符号，也不加附注；其他情况插补降水量者，应在日量后加插补符号或在日表附注说明。

(4) 降水量的改正：如自记雨量计短时间发生故障，使降水量累积曲线发生中断或不正常时，通过分析对照或参照邻站资料进行改正。对不能改正部分采用人

工观测记录或按缺测处理。

2）整编逐日降水量表、降水量摘录表、各时段最大降水量表(1)、各时段最大降水量表(2)。

(1) 汛期全摘、非汛期配套摘录的站，只要 5 月份有观测资料并符合摘录段制要求，应自 5 月份摘录。与汛期相连的 4 月末、10 月初降水(时间间隔不超过 24 h)，若符合摘录段制要求，应连续摘录。

(2) 降水量摘录期间，除仪器故障外，相邻时段降水量，无论降水强度大小均不合并摘录。

(3) 非汛期与洪水配套摘录的降水，涉及各时段最大降水量表(1)、表(2)的场次降水，以及日降水量≥50 mm 的场次降水，只要观测段制不小于 2 段制，应编制相应场次降水量摘录表。相应场次降水量过程应摘录完整(时间间隔不超过 24 h 为同场次降水)。

3）编制降水量资料整编说明表。

2. 水面蒸发量资料整编

1）整编逐日水面蒸发量表及水面蒸发量辅助项目月年统计表。

(1) 结冰期以每天 8 时观测为准，记结冰符号，作为当日结冰情况，并用“B”表示。有合并观测的月极值挑选，当合并量平均值当选时，值与日期均加括号；实测值当选时，若实测值大于各段合并量，则值和日期均不加括号，若实测值小于各段合并量，则值和日期均加括号；实测 0.0 当选最小值时，值不加括号，日期出现在合并量前不加括号，出现在合并量后则加括号。

(2) 当缺测日的天气状况与前后日大致相似时，可根据前后日观测值直线内插，亦可借用附近气象站资料；观测水气压力差和风速资料的站，可绘制有关因素的过程线或相关线进行插补。

(3) 当水面蒸发量很小时，测出的水面蒸发量是负值时，应改正为：“0.0”，并加改正符号。

(4) 一年中采用不同口径的蒸发器分时期观测的站，当历年积累有 20 cm 口径蒸发器与 E601 型蒸发器比测资料时，应根据分析的换算系数进行换算，并附注说明。如全年内两种仪器同时观测的，应分别进行整编。

2）编制水面蒸发量资料整编说明表。

6.2.3 整编流程实例

结合江苏省水文水资源勘测局研发的《水文测验信息计算机管理系统》中对水

位资料的处理进行简要阐述。

1. 对考证、人工观测水位、实测流量、实测悬移质含沙量、闸门启闭、降水量、蒸发量等资料进行整理，所有资料必须做齐整理、校核、复核三道工序。

2. 水位资料处理

1）导入遥测水位原始数据。将原始遥测水位导入整编库中。

2）录入校核水位数据。打开水文测验信息计算机管理系统，选择“数据导入”模块，点击【人工观测数据录入】，选择“手工录入”，如图 6-3、图 6-4 和图 6-5 所示。

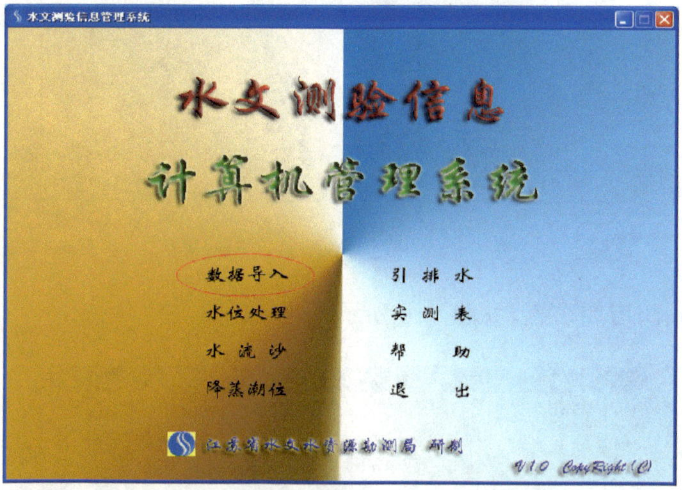

图 6-3　水文测验信息计算机管理系统主界面

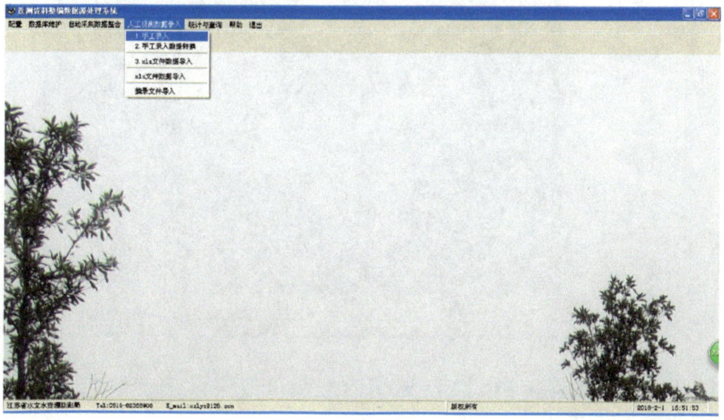

图 6-4　人工观测数据录入选择界面

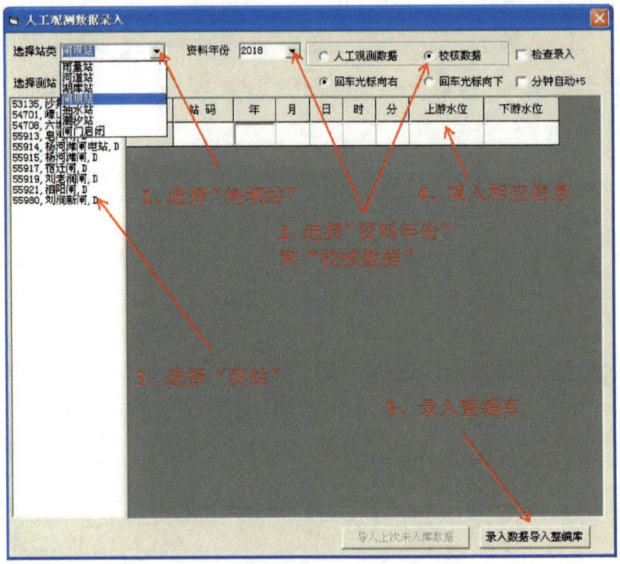

图 6-5　人工观测数据录入步骤界面

3）录入闸门启闭信息，如图 6-6 所示。

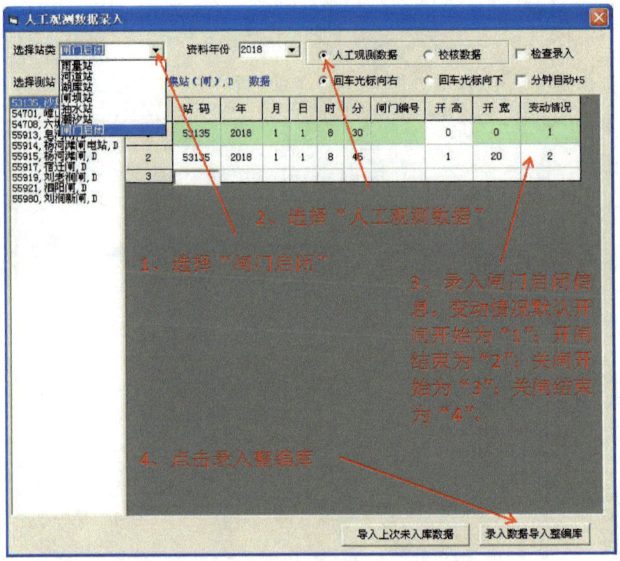

图 6-6　闸门启闭信息录入步骤界面

4）选择水位处理模块，选择相应站类、站名等（如图 6-7 所示），查看水位过程线，对故障及异常进行合理处理。在查看整编水位过程线时，当某段时间内数据缺测时，需对该时段内数据进行插补处理，当出现数据异常时应进行常数改正，具体有以下几种方法。

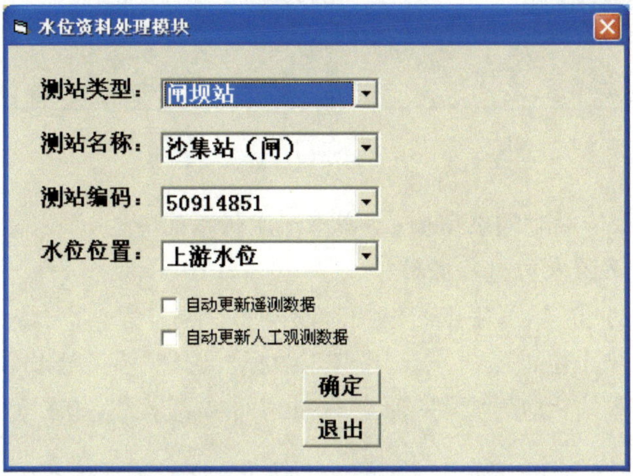

图 6-7　测站选择界面

(1) 相关关系插补

点击【修正数据】，选择“缺测补充”，进行“相关关系插补”，如图 6-8 所示。

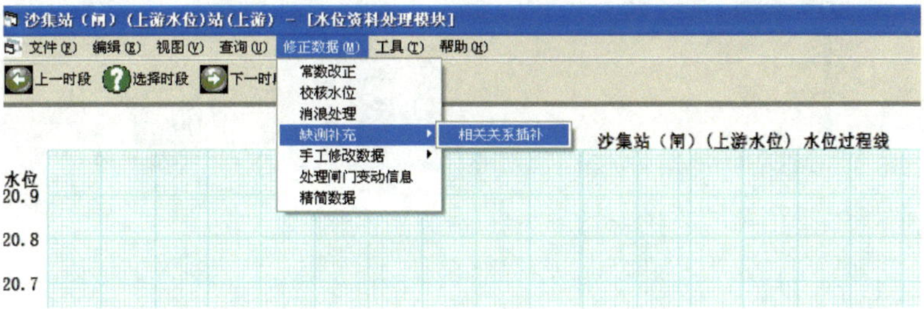

图 6-8　修正数据选择界面

选择相关站类型、名称、编码、水位位置、水位数据类型、起始时间、结束时间、相关关系公式（直线相关）、洪水传播时间（图 6-9），把相关站相应时段内的水位资料按相关关系导入本站，作为缺测处的水位资料。

① 当整体相关关系不是直线时，可按不同水位级进行相关分析，并近似认为在不同水位级具有直线相关性，再对缺测段分水位级进行相关关系插补。

② 洪水传播时间：当本站在相关站下游时，洪水传播时间填正值；当本站在相

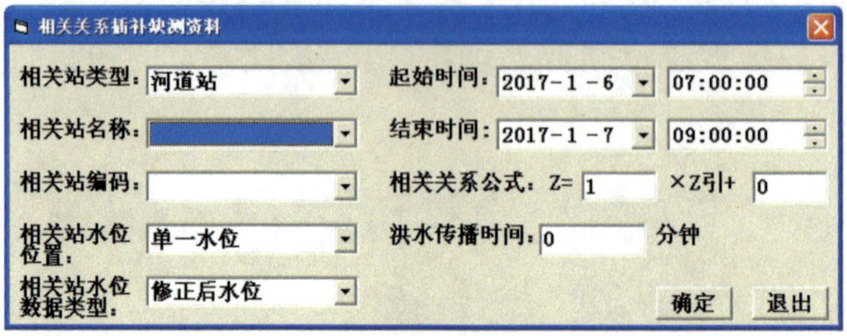

图 6-9　相关关系插补缺测资料界面

关站上游时，洪水传播时间填负值；不考虑洪水传播时间时，洪水传播时间填 0。

(2) 参照上下游水位过程插补

按照上下游水位过程，手工绘缺测时段内的水位过程。

显示出相关站水位过程线。点击【修正数据】，选择“手工修改数据”，进行“增加或修改”，根据相关站相应时段，手工绘制缺测段水位过程线，如图 6-10 所示。

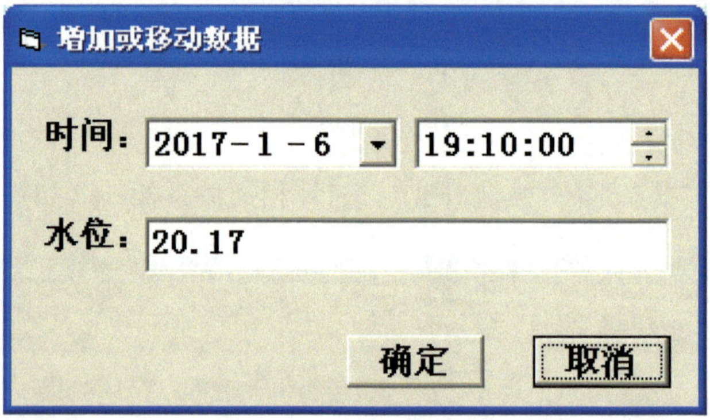

图 6-10　增加或移动数据界面

(3) 常数改正

当某一时间段水位有相对滑动或汛前汛后水尺变动较大时，要对在此期间的水位进行常数改正。点击【修正数据】，选择“常数改正”，如图 6-11 所示。

在图 6-11 中输入需改正水位的起始时间、起始改正值、结束时间、结束改正值，对所选时段进行常数改正。

5) 处理闸门变动信息。此功能可检查闸门开始启闭和结束启闭时是否有水位，以及删除开始启到结束启和开始闭到结束闭之间的水位。点击【修正数据】，选择“处理闸门变动信息”，执行此功能，如图 6-12 所示。

6) 水位过程线消浪处理，平滑时段根据测站水位波动情况进行选择，如图

6-13 所示。

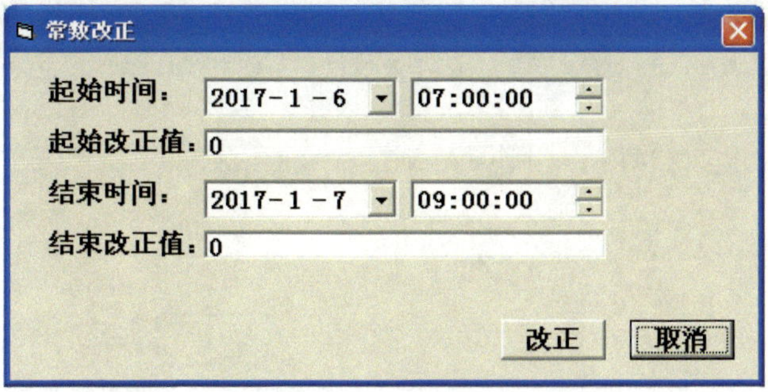

图 6-11　常数改正界面

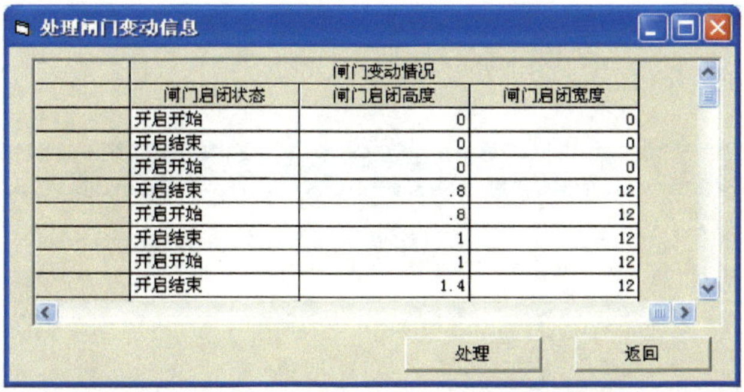

图 6-12　处理闸门变动信息界面

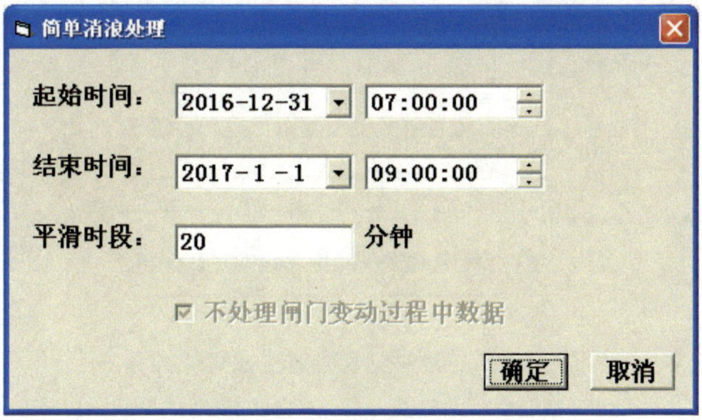

图 6-13　简单消浪处理界面

7）数据精简。一般默认选择误差控制为 0.02 m，如图 6-14 所示。

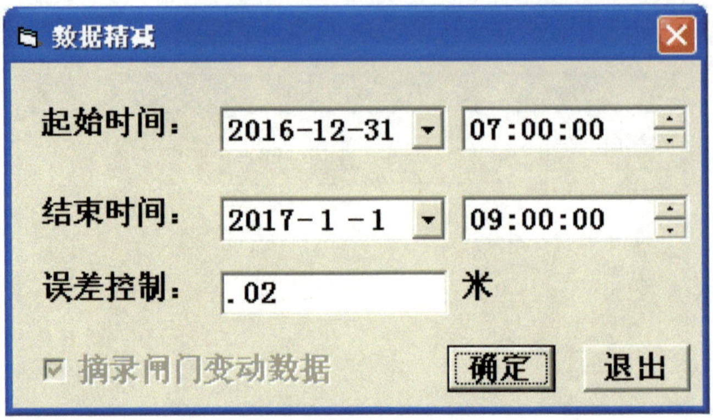

图 6-14　数据精简界面

8）形成整编数据格式。点击水位处理模块主界面中的【文件】，选择“形成整编数据格式”，如图 6-15 所示。

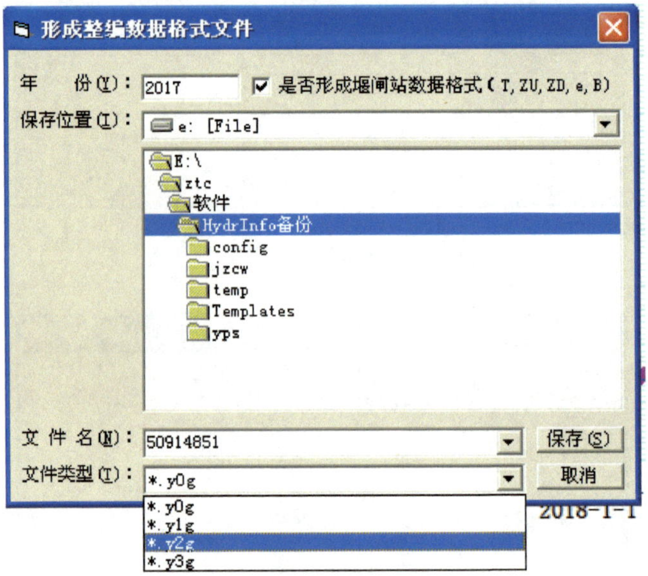

图 6-15　形成整编数据格式文件界面

9）将生成的 *.y2g 文件转换成南方片整编软件的数据格式，并导入进行整编。

3. 成果表审查

按 6.3 中要求进行各种成果审查。

4. 资料装订与存储

原始纸质资料进行打孔穿线装订，遥测资料光盘、U 盘双备份。

6.3　成果审查

6.3.1　一般要求

1. 审查人员应对测站提交的资料进行全面审查，对上一年度复审、汇编中发现的问题，更要仔细地对照、审查。审查应包括下列工作重点：

1）基面、水准点、水尺零点高程考证；

2）流量、泥沙资料整编方法及定线；

3）自动记录数据文件审查，数据精简转换、数据整理、数据输入质量审查；

4）上下游水量、沙量对照检查；

5）降水量、蒸发量突出偏大、偏小原因分析；

6）资料观测和整编中其他容易出问题的部分。

2. 审查原始资料的数量、整编成果的站数和成果表。

3. 对原始资料的审查，应注意检查图表是否齐全，各表内容填算是否完整、正确。

4. 按照资料的相互关系，审查工作应按下列工序进行：

1）各项考证、有关要素相关关系定线的合理性审查；

2）成果表数据及表面统一性检查；

3）数据整理及相应的磁（光）介质数据文件审查；

4）单站合理性检查。

6.3.2　单站合理性检查

1. 水位

可采用逐日或逐日水位过程线分析检查，根据水位变化的一般特性（如水位变化的连续性、涨落率的渐变性、洪水涨陡落缓的特性等）和变化的特殊性（如受洪水顶托、冰塞、冰坝及决堤等影响），检查水位变化的连续性与突涨、突落及峰形变化的合理性。水库及堰闸站，还应检查水位的变化与闸门启闭情况的相应性。

2. 流量

1）进行历年流量系数曲线对照，可检查当年定线的正确性与曲线两端延长的合理性，如发现曲线有异常情况，应分析其原因。

2）进行流量与水位过程线对照，可参照闸门开启高度、水位差等因素进行检查，两种过程线的变化趋势应相对应，且流量过程线上的实测点不应有系统偏离。如发现反常情况，可从流量计算公式的应用、相关曲线点绘和计算方面进行检查。

3）检查流态转换处的流量衔接的合理性。

3. 悬移质输沙率

1）当测站测取单沙的位置、方法没有大的变动，且推求断沙的方法与往年相同，应与历年推求断沙的关系曲线、比例系数过程线或流量与输沙率关系曲线比较，以检查合理性。

2）检查含沙量的变化过程。

4. 降水量

1）各时段最大降水量应随时间加长而增大，长时段降水强度应小于短时段的降水强度。

2）降水摘录表或各时段最大降水量表与逐日降水量表对照：检查相应的日量及符号，24 h 最大量应大于或等于一日最大量，各时段最大量应大于或等于摘录中相应的时段量。

5. 水面蒸发量

1）逐日水面蒸发量与逐日降水量对照。对突出偏大、偏小确属不合理的水面蒸发量，应参照有关因素和邻站资料予以改正。

2）观测辅助项目的站，水面蒸发量还可与水气压力差、风速的日平均值进行对照。水气压力差与风速越大，则水面蒸发量越大。

第 7 章　水文测量

水文业务中的高程测量、大断面测量是水文测量的重要工作之一，也是进行勘测建站、水文测验和开展水文调查的重要工作内容。

7.1　高程测量

测量地面点高程的工作称为高程测量。按使用仪器和施测方法的不同，高程测量分为水准测量、三角高程测量、GPS 高程测量和气压高程测量。水准测量是高程测量中精度最高和最常用的一种方法，被广泛应用于高程控制测量和各项工程施工测量中，在水文测验中应用也最为广泛。

7.1.1　水准测量基本要求

1. 水准测量允许视线长度、前后视距差、数字水准仪重复测量次数应符合表 7-1 的规定。

表 7-1　允许视线长度、前后视距差、数字水准仪重复测量次数

等级	视线长度(m)		前后视距差(m)		数字水准仪重复测量次数
	仪器类型	视距	单站	测段累计	
三等	DS3、DSZ3	≤75	≤2	≤5	≥3
	DS05、DSZ05、DS1、DSZ1	≤100			
四等	DS3、DSZ3	≤100	≤3	≤10	≥2
	DS05、DSZ05、DS1、DSZ1	≤150			
五等	DS3、DSZ3	≤150	≤5	≤30	≥2

说明：使用相位法数字水准仪测量，重复测量次数为上表中次数减少 1 次。使用数字水准仪测量，在地面振动较大时，暂停测量，直至振动消失，无法回避时增加重复测量次数。

2. 水准测量仪器站观测限差应符合表 7-2 的规定。

表 7-2　水准测量仪器站观测限差　　　单位:mm

等级		基、辅分划(黑、红面)读数之差	基、辅分划(黑、红面)所测高差之差	左右路线转点差	检测间歇点高差之差
三等	光学测微法	1.0	1.5	1.5	3.0
	中丝读数法	2.0	3.0	—	
四等		3.0	5.0	4.0	5.0
五等		4.0	6.0	6.0	6.0

说明:1. 采用单面尺时,变换仪器高度前后所测两尺高差之差,与同站黑、红面所测高差之差限差相同。

2. 使用双摆位自动安平水准仪观测时,不计算黑、红面读数差。

3. 使用数字水准仪,同一标尺两次观测所测高差之差执行基辅分划所测高差之差的限差。

3. 往返测量高差不符值,路线、环线闭合差限差应符合表 7-3 的规定。

表 7-3　往返测量高差不符值,路线、环线闭合差限差　　　单位:mm

等级	检测已测测段高差之差	路线、区段、测段往返测量高差不符值、符合路线、环线闭合差		左右路线高差不符值
		平原	丘陵、山区	
三等	$\pm 20\sqrt{L}$	$\pm 12\sqrt{L}$	$\pm 15\sqrt{L}$ 或 $\pm 4\sqrt{n}$	$\pm 8\sqrt{L}$
四等	$\pm 30\sqrt{L}$	$\pm 20\sqrt{L}$	$\pm 25\sqrt{L}$ 或 $\pm 6\sqrt{n}$	$\pm 14\sqrt{L}$
五等	$\pm 40\sqrt{L}$	$\pm 30\sqrt{L}$	$\pm 40\sqrt{L}$ 或 $\pm 10\sqrt{n}$	$\pm 20\sqrt{L}$

说明:1. L 为各种路线往返平均长度,均以 km 为单位。L 小于 1 km 时,按 1 km 计。

2. n 为水准测段测站数。

3. 每千米水准测站数超过 16 站时,用 n 计算。

7.1.2　水准点分类及设置要求

7.1.2.1　水准点分类

测站水准点包括测站基本水准点和校核水准点。

基本水准点是水文测站永久性的高程控制点,是测站最重要的水准点,是校核水准点的引测点。

校核水准点是用来引测水文测站断面、水尺和其他设施高程的水准点,根据需要设在便于引测的地点。

7.1.2.2　设置要求

1. 水文(位)站应在不同位置设置 3 个基本水准点，其中 1 个水准点设置明标，另外 2 个设置暗标。基本水准点相互间距离以 300～500 m 为宜，不应超过 700 m。水文测站附近设有国家水准点时，国家水准点可作为水文测站基本水准点使用。

2. 基本水准点应设置在水文测站附近历年最高洪水位以上或堤防背河侧高处，能保证水准点稳定又便于引测的地方。

3. 在各水位观测断面附近可设置校核水准点，其位置和数量应满足进行水尺零点高程测量时，平坦地区的仪器站数不多于 6 站，不平坦地区的仪器站数不多于 11 站的要求。

7.1.3　水准点引测要求

1. 水文测站基本水准点，其高程应以国家一、二等水准点为起算点，用不低于三等水准测量方法引测；条件不具备时，也可从国家三等水准点引测。

2. 为防止受地面沉降和引据水准点损坏灭失影响，有条件的地区，应将水文测站基本水准点中的 1 个，直接纳入国家或者地方的基础测绘系统，联网平差，并定期维护。

3. 校核水准点，其高程应以水文测站基本水准点为起算点，用三等水准测量方法引测；当条件不具备时，可用四等水准测量方法引测。

4. 水文测站基本水准点和校核水准点，其引测的起算点应长期固定，一经选用，无特殊情况不应更换。

5. 断面基点的高程，可从测站基本水准点或校核水准点，以不低于四等水准测量精度要求引测。

7.1.4　水准点校测

7.1.4.1　基本水准点校测要求

1. 对水位精度要求较高的水文测站每逢 5、逢 0 年份校测 1 次，其他水文测站每 10 年校测 1 次。

2. 水文测站基本水准点纳入绝对基面水准网、统一联网测量平差的，应从其水准网维护周期，以其复测年份进行校测，逢 5、逢 0 年份不再进行独立的校测；基本水准点未直接联网平差的，应及时就近引用经过水准网平差后的引据点进行校测。

3. 未将水准点纳入全网而需要另行引测的，其水准测量时间距离水准网复测平差时间，应不超过水准点沉降变动量 0.5 cm 大致对应的时间；沉降情况较显著的，引测时间距年末超过半年的，应在当年 12 月下旬增加 1 次测量。

4. 每年应对水文测站基本水准点系统进行 1 次自校考证。应将各基本水准点组成最短的闭合路线，往返测量。

5. 当水文测站基本水准点出现变动迹象时应随即校测，废弃损坏、失稳的水准点，应重新埋设新标石。

6. 凡新建、补设的基本水准点，标石埋设后应沉降一年方可启用。基本水准点启用后第一年内进行 3～4 次自校测量，次年按汛前、汛后各校测 1 次，第三年起每年校测 1 次。

7.1.4.2 校核水准点校测要求

1. 校核水准点应该每年至少校测 1 次。当发现变动或疑有变动时、过水淹没待土壤水分基本排干之后，应随时进行校核水准点的考证。

2. 当水准点废弃损坏、失稳时，应重新埋设新标石。

7.1.4.3 水准点高程使用与变动要求

1. 当新测高程与原用高程之差不超过往返测量高差不符值的允许限差，应沿用原用高程。

2. 当新测高程与原用高程之差超过往返测量高差不符值的允许限差，应通过基本水准点自校系统进行考证分析，如判定为被测水准点发生变动，则确定新高程。

3. 纳入绝对基面水准网、统一联网测量平差的，基本水准点可直接启用新高程资料，校核水准点也应随之按新高程使用。

7.1.5 水尺零点高程校测

1. 水尺零点高程的测量可采用双面水准尺。如用单面水准尺，往返测量均应采用一镜双高法。一镜双高法变换仪器高度前后所测两尺高差之差限差，与同站黑、红面所测高差之差限差相同。水尺零点高程测量限差应符合表 7-4 的规定。

表 7-4　水尺零点高程测量限差

地势	同尺黑、红面读数差(mm)	同站黑、红面所测高差(mm)	往返不符值(mm)	视线长度(m)	单站前后视距差(m)
不平坦	≤3	≤5	$\pm 3\sqrt{n}$	≤50	≤5
平坦	≤3	≤5	$\pm 4\sqrt{n}$	≤100	≤5

说明：1. n 为单程仪器站数。

2. 要求视线高度三丝能读数。

2. 需要校核的各支水尺，在往测和返测过程中都应逐个测量。推算往返两次各水尺零点高程均应由校核或基本水准点开始。

3. 校核各支水尺往返算出的零点高程不符值若不超出表 7-4 的限差，应以往返两次高程的平均值作为新测的水尺零点高程。新测的水尺零点高程与原用的水尺零点高程相差不超过该次测量的允许不符值，或虽超过允许不符值，但比降水尺不大于 5 mm，其他水尺不大于 10 mm 时，其水尺零点高程仍应沿用原高程，否则，应采用新测高程。

7.1.6　水准测量实例

目前数字水准仪在我处广泛使用，本书以 DNA03 为例，详细介绍水准测量步骤。

1. 水准测量器材配备

水准测量工作中用到的器材有 DNA03 电子水准仪、三脚架、尺垫、皮尺、铟瓦条码水准尺等，如图 7-1 所示。

图 7-1　水准测量器材

2. 仪器设置

DNA03 电子水准仪(图 7-2)采用图像识别处理系统,并配用条形码水准尺。首先,将标尺的条码作为参照信号存在仪器内。测量时,线译码器捕获仪器视场内的标尺影像作为测量信号,然后与仪器的参考信号进行比较,便可求得视线高度和水平距离。

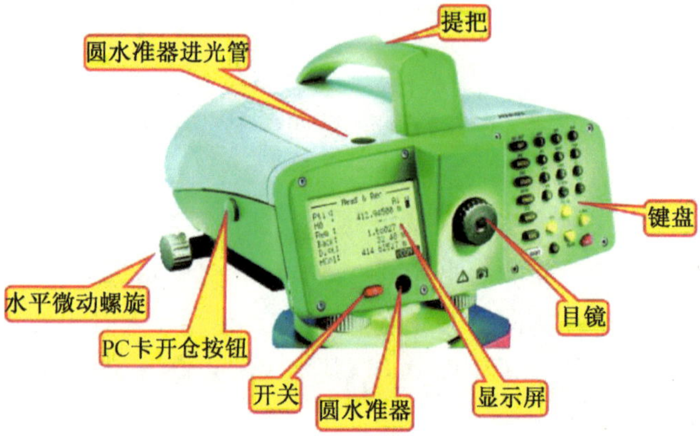

图 7-2　DNA03 电子水准仪

1) 按【PROG】键,调出测量程序,选择【线路测量】,如图 7-3 所示。

【应用程序】　1/2

1 沉降观测
2 水准测量
3 线路测量
4 线路平差
5 检验调整(第二页)

图 7-3　应用程序界面

2) 设置作业

点击【作业】,可增加新作业,也可选择仪器中已有的作业,如图 7-4 和图 7-5 所示。

选择【增加】,输入作业名,点击【回车】,如图 7-6 所示。

3) 设置线路

选择【线路】,输入线路名。

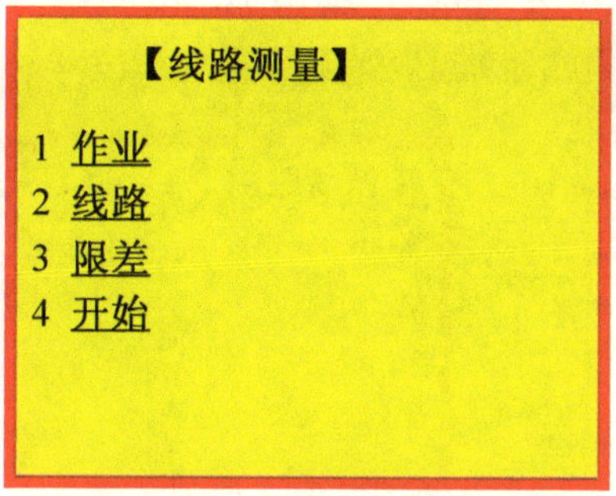

图 7-4　线路测量界面

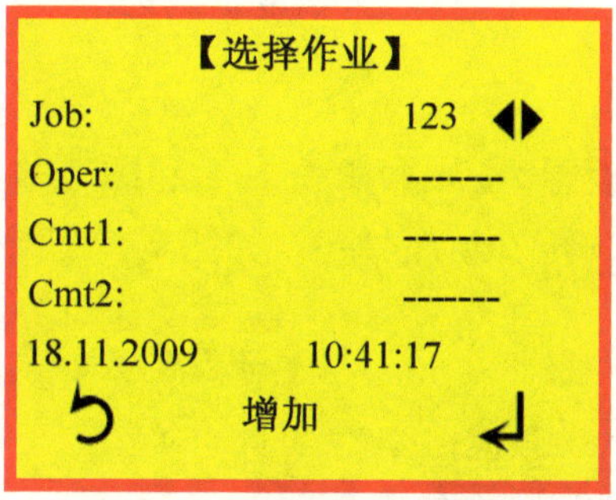

图 7-5　选择作业界面

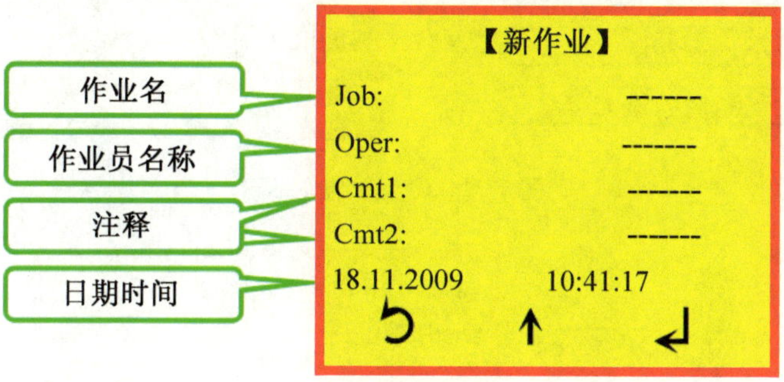

图 7-6　新作业界面

选择观测方法：

一等水准测量观测方法为 aBFFB；

二等水准测量观测方法为 aBFFB；

三等水准测量观测方法为 aBFFB；

四等水准测量观测方法为 aBFFB 或 aBBFF。

输入起始点高程，各测站水准高程参照最新水位考证表，如图 7-7 所示。

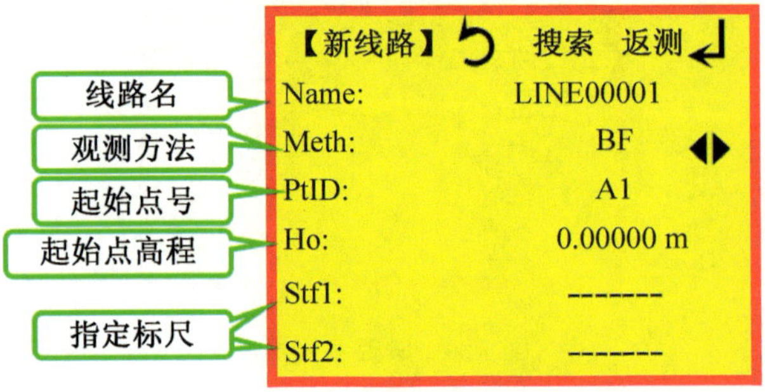

图 7-7 新线路设置界面

4）设置限差

选择【限差】，把限差设置为【on】（如图 7-8 和图 7-9 所示），然后选择【值】，根据具体测量等级规定要求输入相应限差值（如图 7-10 所示）。

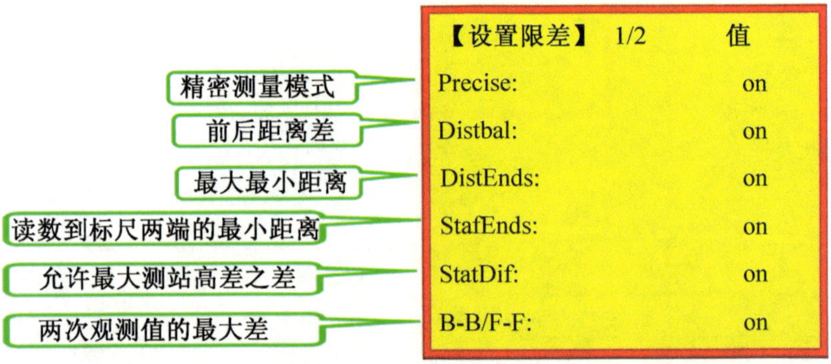

图 7-8 设置限差界面 1

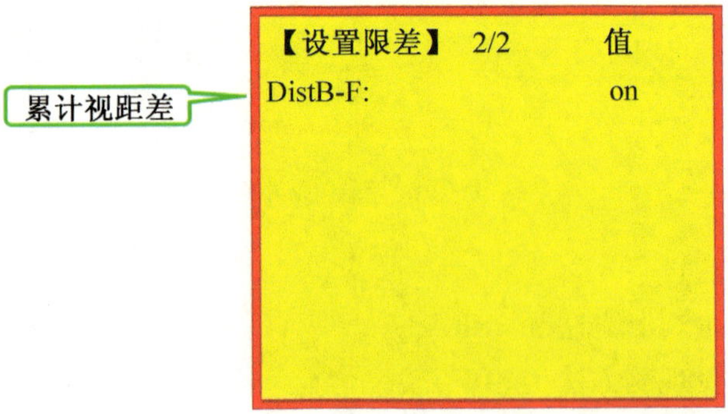

图 7-9 设置限差界面 2

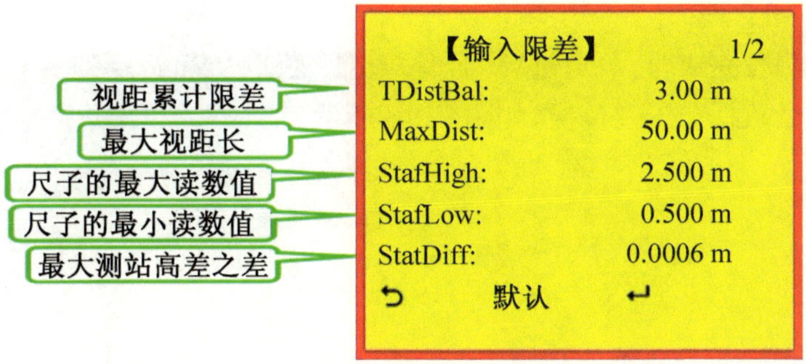

图 7-10　输入限差界面

5）开始测量

选择【开始】，显示【当前设置】（如图 7-11 所示），按下【回车】，进入测量界面（如图 7-12 所示），瞄准水准尺，按仪器侧面红色测量按钮，进行测量。

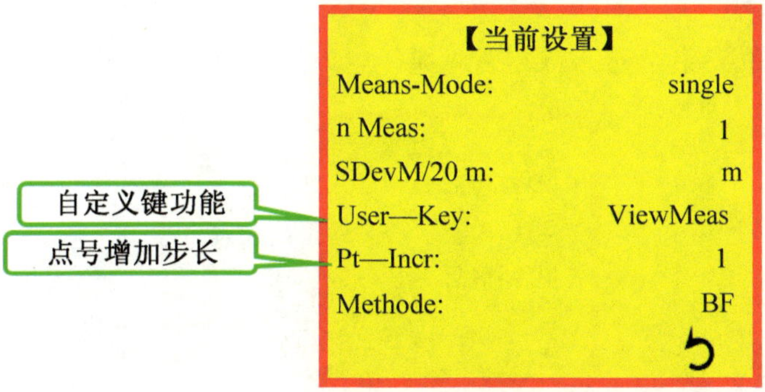

图 7-11　当前设置界面

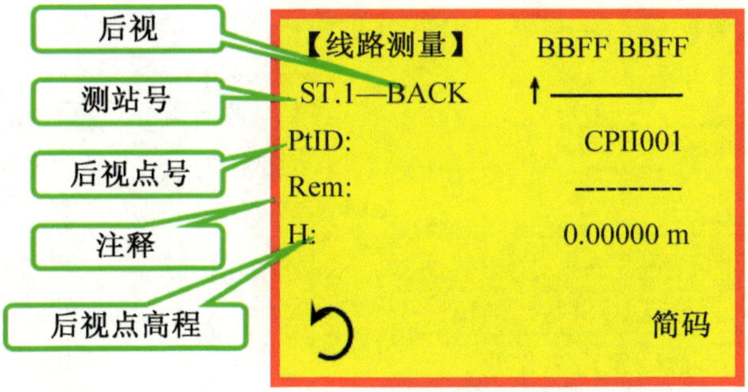

图 7-12　线路测量界面

3. 计算闭合差

当一个测段完成时，可通过“闭合差”功能，获取从起始点到本测站的总高差、总视距等测量数据和误差情况，如图 7-13 所示。

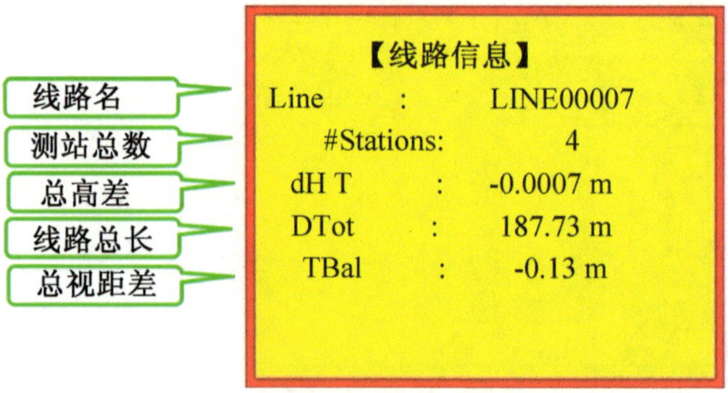

图 7-13 线路信息界面

4. 数据输出

1）按【DATA】键，进入数据管理菜单，如图 7-14 所示。

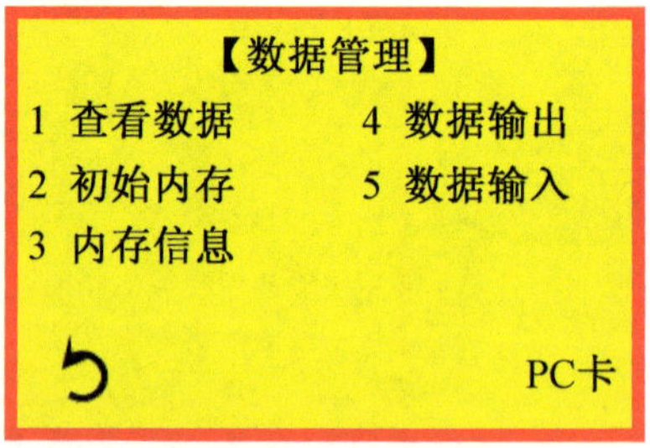

图 7-14 数据管理界面

2）选择【数据输出】，如图 7-15 所示。

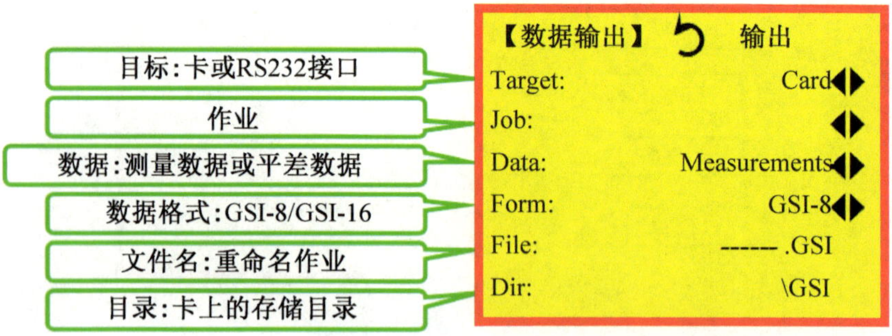

图 7-15 数据输出界面

5. 数据传输

1）连接仪器与电脑

仪器通过数据连接线与电脑相连，打开 LGO 软件，在【工具】菜单栏下选择“数据交换管理”，点击【串口】选择相应的端口号，找到所测量的线路，以 GSI 格式保存至电脑硬盘。

2）数据格式转换

（1）打开 LGO 软件（如图 7-16 所示），点击【文件】选择“新建项目”，输入项目名，选择保存位置，如图 7-17 所示。

图 7-16　LGO 软件主界面

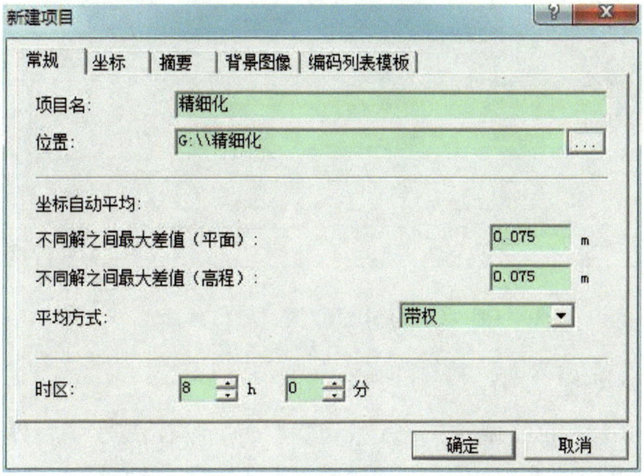

图 7-17　新建项目界面

（2）在【新建项目】下点击【】，输入原始数据，如图 7-18 所示。

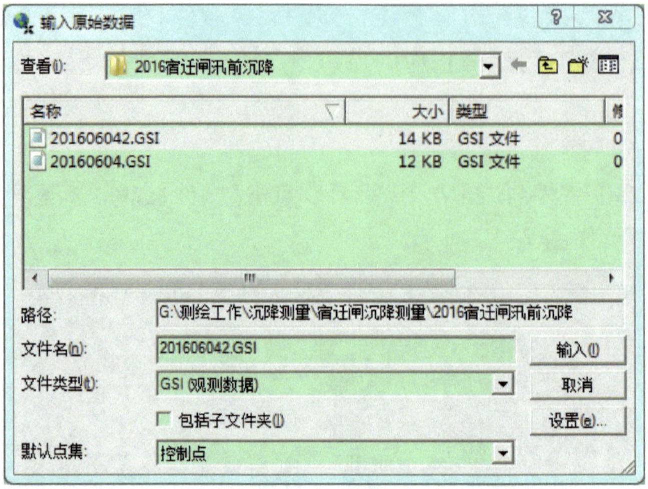

图 7-18　输入原始数据界面

（3）点击【水准】，选择【分配】，如图 7-19 所示。

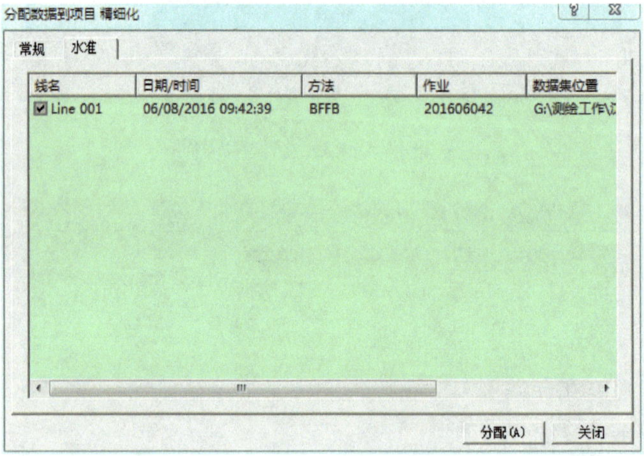

图 7-19　分配数据到项目界面

（4）得到测站数据，如图 7-20 所示。

（5）在图 7-20 中的数据区内右击，选择【另存为】，在另存为界面上勾选“包含标题”，“要保存的线路”选“全部”，选择转换格式及保存地址，如图 7-21 所示。

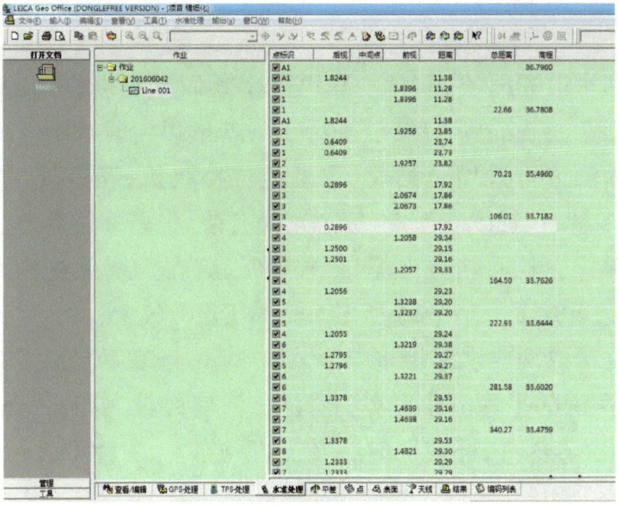

图 7-20　水准处理界面

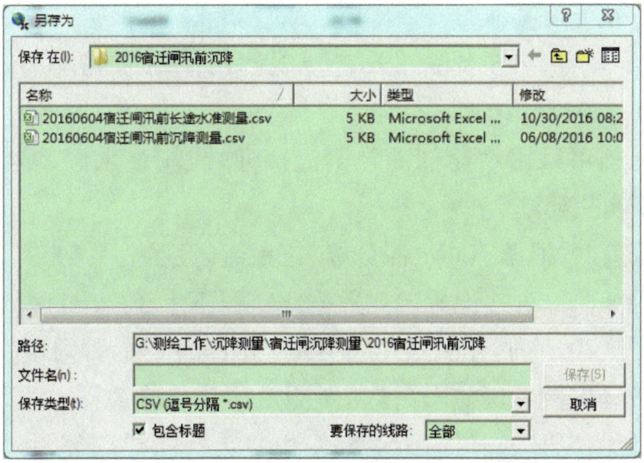

图 7-21　另存为界面

7.2　大断面测量

大断面测量的内容是测定河床各点的起点距(即距断面起点桩的水平距离)及其高程。对水上部分各点高程采用四等水准测量;水下部分则是测量各垂线水深,并观读测深时的水位。

7.2.1 技术要求

1. 大断面和水道断面的起点距，宜以左岸断面端点桩作为起算的零点，起点距以 m 计。水面宽在 5 m 以下时计至 0.01 m，5 m 以上时计至 0.1 m。

2. 起点距的测量可采用全站仪、卫星定位接收机、测距仪、平板仪等仪器测定，也可采用直接量距、观读断面索(标志)、交会法、极坐标法等方法测定。

3. 采用测深杆、测深锤或铅鱼测量水深时，应在垂线上进行两次测深。水深不小于 5 m 时，记至 0.1 m，水深小于 5 m 时，记至 0.01 m。

4. 测深杆测深的两次水深相差应不大于 5 cm，河底不平坦或有波浪时应不大于 8 cm，取两次测深的平均值作为实测水深。河底由较大卵石、砾石组成时，除应在垂线上进行两次测深外，还应同时在其上、下游，左、右侧 0.2 m 以内各测两次，取其平均值。

5. 测深锤或铅鱼量测测得的水深相对误差应不大于 3%。河底不平或有风浪时，应不大于 5%，以其平均值作为实测水深。

6. 回声测深仪测深要求

1) 测深前，测量船应与水位站及定位观测站校对时间。水位观测应在测前 10 min 开始，测后 10 min 结束。

2) 每次测深前可采用声速剖面仪测定声速，或测量水温及含盐度计算声速，对测深仪进行参数设置。

3) 每次测深前后，根据不同水深分级，应在测区用测深仪与其他测深工具进行比测，比测点宜为 3～5 点，并记录比测数据。水深不大于 20 m 时，比测互差应不大于 0.2 m，水深大于 20 m 时，比测互差应不大于水深的 1%，否则，应查找原因。

4) 当使用机动船测深时，应根据需要测定测深仪换能器动吃水改正数。当测深仪与 RTK 配合测深时，应量取天线相位中心至换能器底部距离，可不再测定动吃水改正数。

7. 断面测量过程中水位观测和计算要求

1) 水位变化不大于 5 cm 时，应在同一岸观测开始和结束的水位，以其算数平均值作为计算水位。

2) 水位变化大于 5 cm 时，应在各垂线测深时观测水位，各测点河底高程用相应观测的水位值作为计算水位。水位变化平稳时，也可由观测水位内插测深垂线相应水位。

3) 横比降超过 5 cm 时，应进行横比降改正。

4）断面上有分流或串沟时，应对每个较大的分流或串沟至少在一岸观测 1 次水位，单独计算出各股水流的河底高程。

8. 大断面的高程测量中，水边线以上地形转折点的高程，宜采用五等水准或 RTK 方式测量；除转折点外的各地形点高程，应读记至 0.01 m。

9. 复测大断面时，如能闭合于已知高程的固定点，可只进行单程测量。

7.2.2　大断面测量实例

随着 GPS 定位系统、水下测深系统技术的日益成熟，我处使用 GPS 配合测深仪进行大断面测量。本书以中海达 V30、中海达 HD370 为例，详细讲述大断面测量操作步骤。

7.2.2.1　水上部分测量

1. 技术路线

使用 RTK 测量断面桩、水边及两者之间地形转折点的水平位置和高程。

2. 测量步骤

1）设备连接

设备连接主要是将天线与电台、电台与电源、电台与基准站连接等，如图 7-22 所示。

图 7-22　设备连接图

2）设置 RTK

（1）打开手簿。

（2）双击【Hi—RTK】。

（3）双击【项目】，选择【新建】，设置项目名称，完成后选择退出，如图7-23、图7-24 和图 7-25 所示。

图 7-23　Hi—RTK 主界面

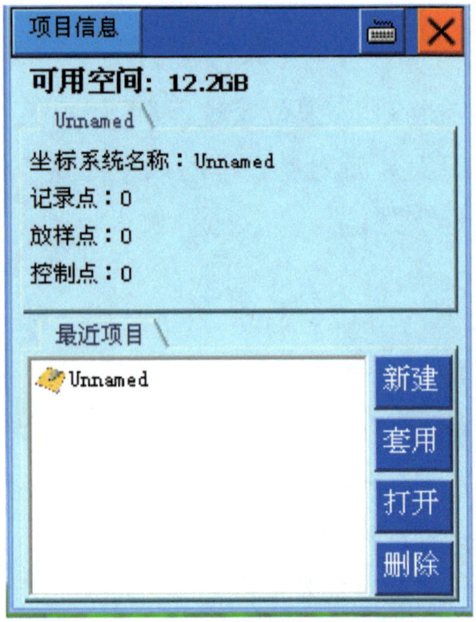

图 7-24　项目信息界面

图 7-25　新建项目名称界面

（4）参数设置：双击【参数】，将【投影】中“中央子午线”数值设为测量所在地中央子午线数值，其他参数保持默认，完成后保存设置，如图 7-26 所示。

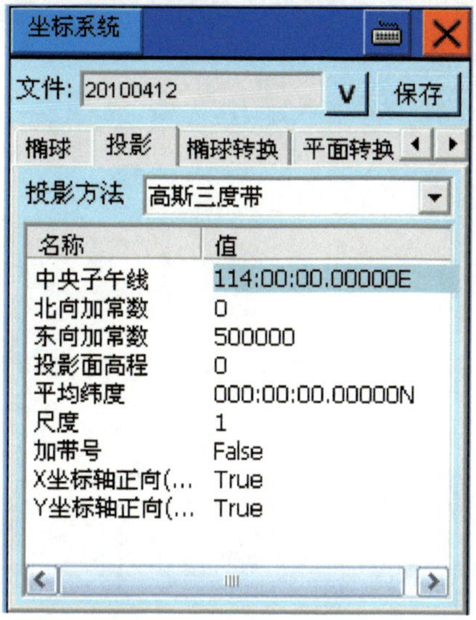

图 7-26　坐标系统界面

（5）连接基准站：双击【GPS】，点击【连接 GPS】，选择基准站仪器型号，点击【设置基准站】，如图 7-27、图 7-28、图 7-29 和图 7-30 所示。

图 7-27　主界面

图 7-28　接收机信息界面

图 7-29　蓝牙搜索界面

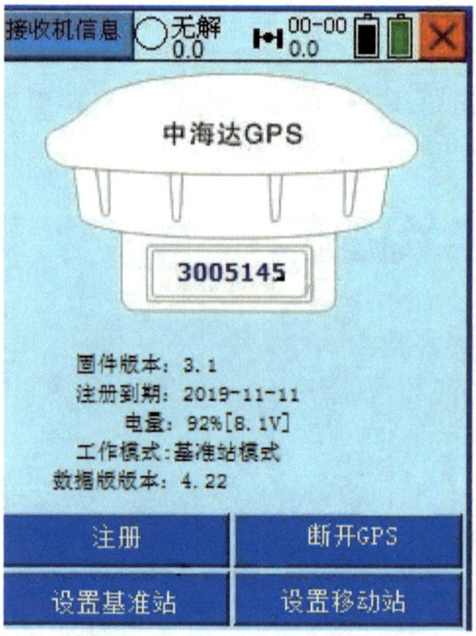

图 7-30　接收机信息界面

（6）基准站相关参数设置：设置点名；点击【平滑】，平滑后点击【√】，点击【断开 GPS】，如图 7-31 和图 7-32 所示。

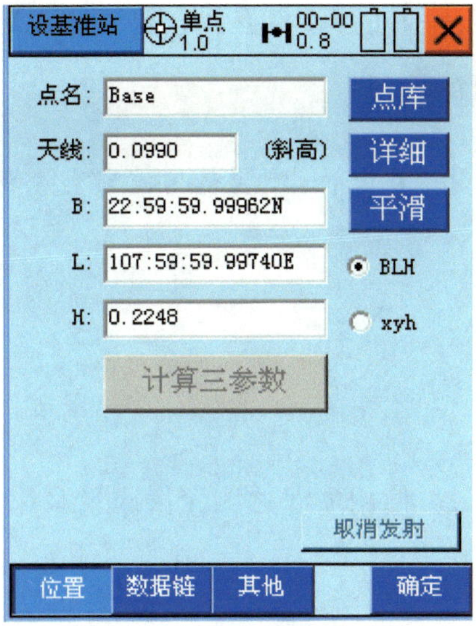

图 7-31　设基准站界面

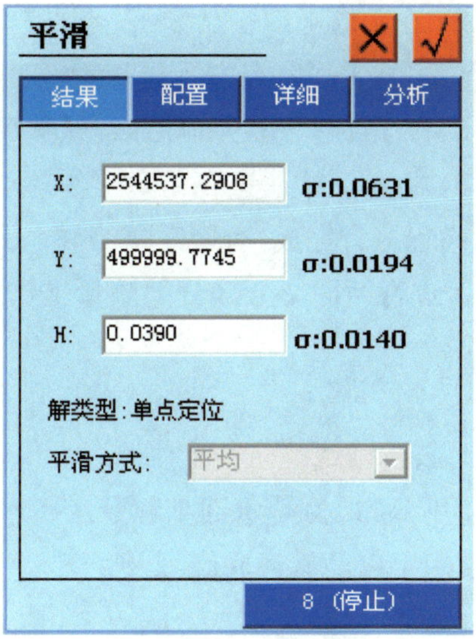

图 7-32　平滑界面

(7) 连接移动站:双击【GPS】,点击【连接 GPS】,选择移动站仪器型号。

3) 高程拟合

(1) 将移动站放置在工作基点上,保持水准气泡居中,双击手簿主界面【测量】,点击屏幕右侧的“ ”图标,测量工作基点高程,如图 7-33 所示。

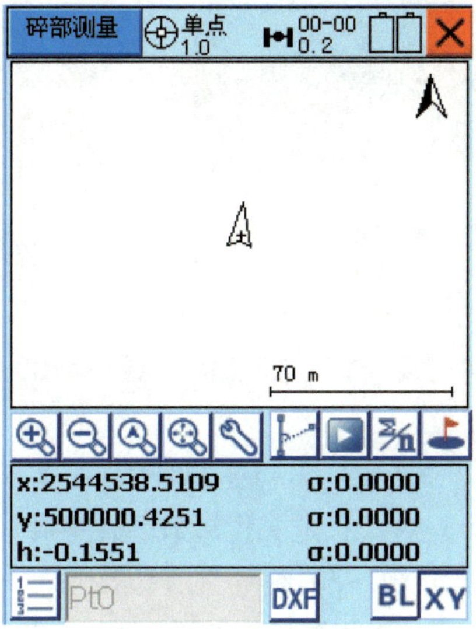

图 7-33　测量界面

(2) 在手簿上双击【参数】,点击【坐标系统】,选择【高程拟合】,添加实测的工作基点,根据工作基点实际点高程改变目标值 h。

(3) 点击【解算】,完成后点击【运用】。

(4) 将移动站放置在另一工作基点,测量基点高程,当测量高程与实际高程一致时,高程拟合完成,否则重复步骤(1)、(2)、(3)。

4) 进行断面岸上部分的测量工作。

7.2.2.2 水下部分测量

1. 技术路线

使用 RTK 测量水面高程及水面水平位置,使用中海达测深仪测量水深,二者配合使用可以测量河底高程及位置。

2. 测量设备

一套中海达 HD370 测深仪(图 7-34)、两套中海达 V30GPS(图 7-35)。

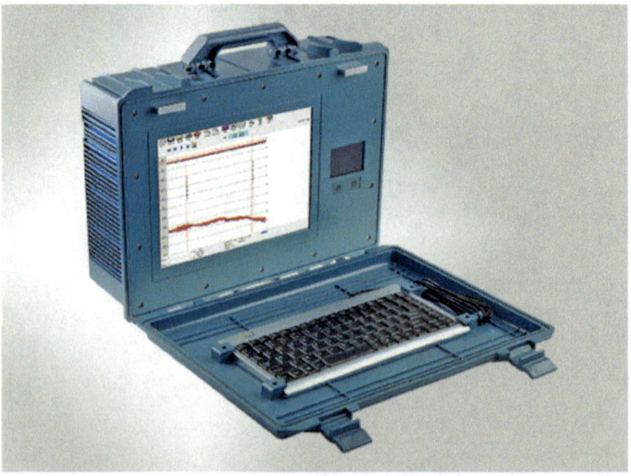

图 7-34 HD370 测深仪

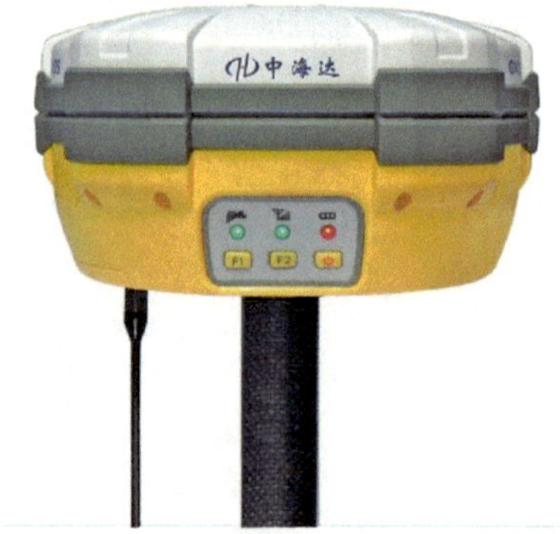

图 7-35 V30GPS

3. 测量步骤

1) 将 HD370 测深仪连接安装至测船上,RTK 移动站连接在测深杆上。

2) 设置 HD370 测深仪

(1) 打开测深软件,选择【文件】,点击【新建任务】,分别进行【投影】和【图定义】参数设置。其中【投影】选择【自定义投影】,输入中央经线;在【图定义】中,选择【任务名】,输入任务名称,如图 7-36、图 7-37 所示。

(2) 选择【去测深】,点击【设置】,设置换能器“吃水深度”,完成后点击【测深】。

(3) 选择【去定位】,点击【设置】,在【记录设置】中选择“航迹记录”,根据实际情况选择定位记录方式，一般情况下设置按实际行走距离的记录方式；选择【天线偏差改正】，修改“天线至水高”，使得 H 值为水面高程。

(4) 点击【记录】，选择“开始记录”，测量过程中注意观察实时水深数据及 GPS 信号等情况，测量完成后选择“终止记录”。

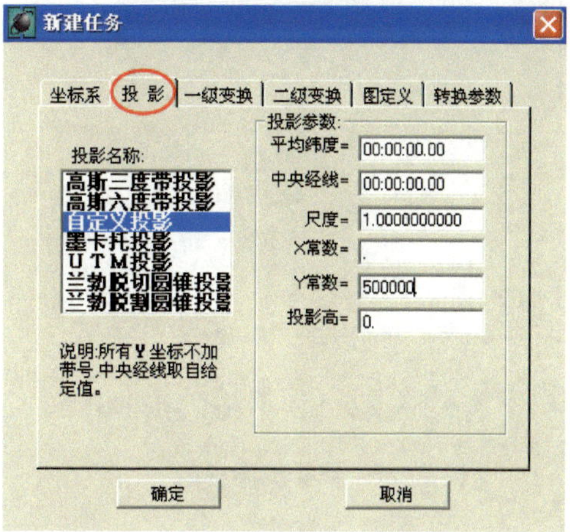

图 7-36　投影界面

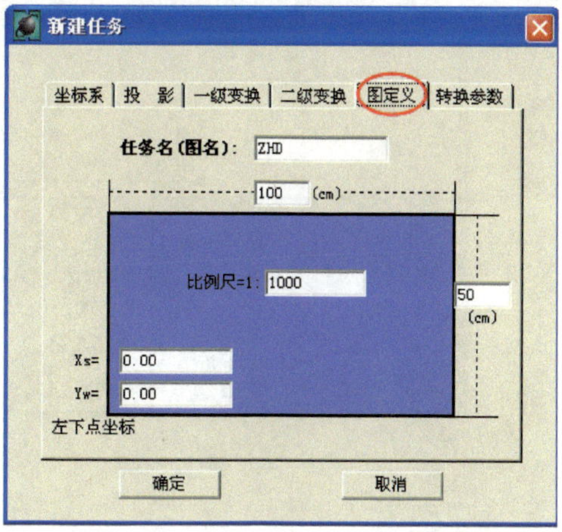

图 7-37　图定义界面

7.2.2.3　数据处理

1. 数据导出

1) RTK 数据导出

(1) 手簿格式转换

打开手簿，双击【项目】打开所需的项目，退出到手簿主界面；双击进入【测量】界面(如图 7-38 所示)，单击左下角“”图标进入“记录点库”界面(如图 7-39 所示)，单击右下角“”图标进入“导出记录点库”界面(如图 7-40 所示)，选择所需的格式，输入导出文件名，选择导出地址，点击【保存】即导出数据。

(2) 导入电脑

将手簿连接电脑，打开 NandFlash/project/road/point，找到导出的文件复制到电脑。

2) 测深数据导出

(1) 打开水深资料处理 5.5 软件。

(2) 点击【获取任务】，打开所需处理的测量任务，文件后缀为. Nav 格式。

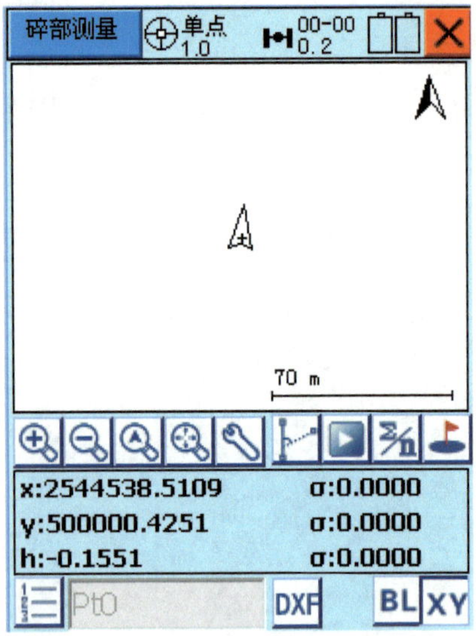

图 7-38　测量界面

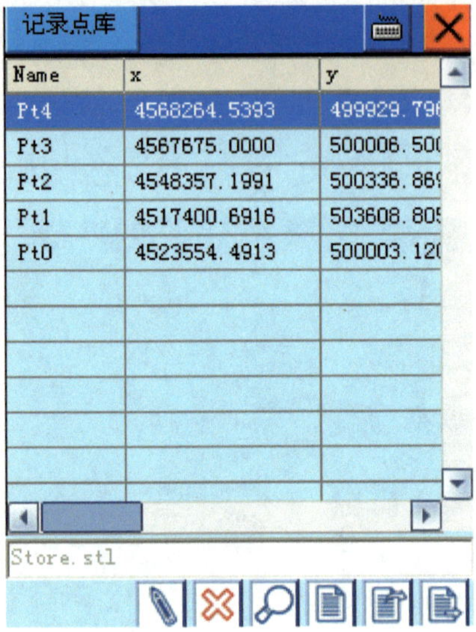

图 7-39　记录点库界面

图 7-40　导出记录点库界面

(3) 依次点击【水深数据】、【采集水深取样】。选择【文件】，打开原始数据，文件后缀为.SS 格式，设置采样间隔为 2 m，点击【只取定位点】，处理假水深；点击【文件】，选择“生成.HTT 格式文件”。

(4) 点击【功能】,选择“数据格式转换”,“要生成的格式”选“南方 CASS5.0 格式”,点击【确定】,选择已生成的.HTT 的文件进行格式转换。

(5) 利用 U 盘将测深仪里转换格式后的数据拷贝至电脑。

2. 数据处理

1) 将岸上 CASS 格式的数据与水下 CASS 格式数据汇总。

2) 打开 CASS 软件,点击【绘图处理】,选择“展高程点”,选择汇总数据,将测量点导入。根据图中断面桩点位,绘制断面复合线。

3) 点击【工程应用】,选择“绘断面图”。选择“根据已知坐标绘断面图”,根据绘图具体要求绘制填写参数。

4) 根据生成的断面图,在表格里输入起点距、高程,并在表格中绘制折线图即为所需格式的断面图。

7.3 设施设备保养

1. 水准点

加强水准点的保护,保护铜头不被覆盖、破坏。

2. 断面桩

1) 清理断面桩周围的杂草、杂物,保护断面桩不被覆盖或破坏。

2) 当断面桩倾斜或者出现松动现象时,应及时加固。

3. 水准仪

1) 每年汛前将水准仪送检,检定合格后方可使用。

2) 镜片如有灰尘,可用软毛刷轻轻拂去,如有轻微水汽,可用洁净丝绸轻轻擦拭。

3) 在施测过程中要注意保护仪器,避免阳光直接晒在仪器上,如突遇降雨,应立即盖上物镜,套上防雨罩或收入仪器箱内。

4) 螺丝或转动部分如发生阻滞不灵时,应立即检查原因,在原因未弄清楚之前,切勿过分用力扭扳,以防损伤仪器。

5) 仪器在使用完毕时,应按照仪器说明书的要求将各部件擦拭干净,特别是应擦干水汽妥善保管。

6) 若三脚架支架变形,或者固定螺丝失灵、三脚架支撑不稳,应及时更换三脚架。

7) 当存放仪器的房间潮湿闷气,或者房间里有侵蚀性挥发物时,应立即将仪器转移到干燥通风、无侵蚀性挥发物的房间，并对仪器进行全面检查。

8）除在施测过程中或其他特殊情况外，仪器应放置在仪器箱内，搬移时应轻拿轻放，防止碰撞仪器，并注意以下几点：

（1）长途搬运时，应在包装箱四周填实刨花、纸屑或微孔塑料等柔软物，钉箱后置于运输工具前部；

（2）短途搬运时，仪器装箱后应置于携带人两膝之上；

（3）工作期间迁移测站时，应将仪器直立抱于胸前，严禁扛在肩上，行路时严禁剧烈奔跑、颠簸，经过障碍物较多路段时，应特别注意，以防撞损仪器。

4. 水准尺、尺垫

1）当水准尺出现以下情况时应及时更换：

（1）缺陷、裂缝、碰伤、划痕、脱漆等现象；

（2）尺的底部磨损；

（3）水准尺受到碰撞变形。

2）水准测量结束后，应及时将水准尺、尺垫同水准仪一起收好，带回测站进行养护。

5. GPS、测深仪

1）GPS、测深仪每年送检一次，检定合格后方可使用。

2）全数字变频测深仪使用完毕后要及时清理换能器污渍，长期未用则每半年调试一次。

3）GPS、全数字变频测深仪等电池每季度充放电一次。

第8章 水文巡测

开展水文巡测一方面提升了水文测验工作的能力，提高了工作效率；另一方面实现了人力资源的最大效益化。相比于传统水文测站，水文巡测精简了人数，各专业人才各司其职，各尽所能，充分发挥各专业优势；除了人才资源的整合，仪器设备也由巡测基地统一调配管理，充分发挥各设备设施的性能优势。

8.1 基本概念

8.1.1 水文测验方式

1. 驻测

水文专业人员驻站进行水文测报的作业。

2. 巡测

水文专业人员以巡回流动的方式定期或不定期地对一个地区或流域内水文测站或断面的水文要素所进行的观测作业。

3. 间测

水文测站资料经分析证明水文要素（如水位、流量）间历年关系稳定或其变化在允许误差范围内，对其中一要素（如流量）停测一段时间后，再行施测的测停相间的测验方式。

8.1.2 水文巡测方式

1. 辐射式巡测

以巡测基地为中心，由两个以上的巡测工作组沿不同巡测路线对测区内测站进行水文测验。

2. 次第式巡测

按照巡测区各站洪峰、沙峰出现的先后顺序，对巡测区内各站依次进行水文测验。

3. 结合式巡测

对巡测区的水文测站同时进行辐射式巡测和次第式巡测。

8.2 流量巡测的要求与条件

8.2.1 分析内容

1. 测站控制条件及其变化。
2. 水位流量关系线的变化规律。
3. 可能达到的测验精度与巡测允许误差的关系。
4. 现有交通、通信条件,测验仪器设备状况等。
5. 巡测方法、路线和巡测时机的选择。

8.2.2 巡测要求

1. 新设实行巡测的水文站,应遵守"先详后简"的原则,先采用较多测次的巡测方案,逐步积累资料,按分析要点分析论证后,再综合其他巡测条件,确定巡测方式。

2. 实行巡测的水文测站,水位、降水量观测应采用自动监测方式。

8.2.3 巡测条件

1. 水位流量关系呈单一线,或水力因素与流量或流量系数的关系呈一条或一簇关系线,或者经过单值化处理后水位流量关系线(或推流关系线)呈单一线,流量定线达到《水文巡测规范》(SL 195—2015)规定的允许误差。

2. 实行流量间测的测站,在停测期间实行检测者。

3. 水位流量关系不呈单一线的测站,全年采用巡测资料推算流量,年径流量的误差不超过表 8-1 的规定者,或部分时段采用巡测资料推算流量,由时段径流量误差算得的年总量误差不超过表 8-1 的规定者。

表 8-1　年径流量允许相对误差　%

一类精度的水文站	二类精度的水文站	三类精度的水文站
2.0	3.0	5.0

4. 枯水期采用定期测流者。

5. 水位流量关系不呈单一线的测站,当距离巡测基地较近,具备交通、通信条件，能按水情变化及时施测流量者。

6. 已采用流量在线监测者。

8.3 流量巡测

8.3.1 一般规定

1. 实行巡测的水文站，流量测验河段选择、测验方法、测验设备及测验精度等应按《河流流量测验规范》(GB 50179—2015)及现行行业标准的规定执行。

2. 常年采用卫星导航定位系统定位，或常年采用声学多普勒剖面流速仪走航或在线测流的站可不设立断面标志、基线桩、辐射杆。

3. 有条件的站，可建设远程控制系统，或建立在线监测系统连续监测流量。

8.3.2 测验方法与设备

1. 实行巡测的水文站应根据河道水文特征、测站特性、测验设施设备、测时水流条件等情况，结合测验精度要求，因地制宜、经济合理地选择流量测验方法。

2. 一般情况应按常规测验方案施测；水情变化急剧，或抢测洪峰、洪水过程，或实施水文应急监测，可采用短历时(或少测回)的测验方案或应急监测方案；遇特殊情况，发生设施设备损坏或损毁的，可临时采用应急监测方案。

3. 桥上测验要求

1) 在桥上牵引声学多普勒剖面流速仪走航测流要求

(1) 河段内无暗礁、深潭、跌水，测验断面宜避开桥墩下游的漩涡区。

(2) 牵引装置应能牵引浮体在两岸间的水面上自由移动，保证仪器、外接设备及浮体自身安全工作。

2) 利用桥梁安装电波流速仪定点监测，安装位置应尽量避开易受车辆行驶而震动的上部结构，宜安装在固定的墩台上。

3) 过往车辆十分频繁的交通枢纽、高速公路桥、铁路桥或交通繁忙的渡口及码头，不能确保测验操作安全，或桥面狭窄有碍来往行车及布置桥测设备，或桥梁结构不牢固危及设备和人身安全的，不宜布置桥上测流。

4. 河道顺直、河床底坡平坦、断面均匀，水位与各水力要素之间有稳定关系时，可通过观测水位和有关水力要素，利用曼宁公式推流。断面稳定的站，推流可建立水位面积关系，查算断面面积；断面不稳定的站宜实测水道断面，当实测有困难时，可借用邻近测次的实测断面成果；有糙率资料的站，推流可建立水位糙率关系供计算使用;无糙率资料的站,可参考上下游或邻近河流的糙率值,也可选用《水工建筑物与堰槽测流规范》(SL 537—2011)中的值;宽深比不小于100的宽浅式断面,推流可用断面平均水深代替水力半径,一个河段内各断面各级水位的计算方法应一致。

5. 断面稳定、上下游断面基本一致、无收缩扩展现象的河段,或当常规测验设备被洪水损毁,或客观条件十分困难,常规方法难以施测,或施测中高水及高含沙量情况下的水面流速,可采用电波流速仪施测。

6. 断面稳定、航行船只较少,断面内没有水草和其他障碍物影响的河流或渠道、管道,可采用超声波时差法测流。

7. 采用转子式流速仪法外的其他仪器测流,在正式投入使用前应进行比测。

8. 选择水平安装声学多普勒剖面流速仪法、垂直安装声学多普勒剖面流速仪法、声学时差法、垂线平均流速分布模型法等与断面平均流速建立相关关系的测流方法,相关关系的建立与使用应符合下列条件:

1) 相关关系的建立应以仪器实测值和实测流量(或断面平均流速)为依据;

2) 实测流量(或断面平均流速)可用转子式流速仪法或走航式声学多普勒剖面流速仪测量;

3) 应收集30次以上样本资料,涵盖高、中、低水位级对应的流量(流速),特殊情况下样本数不应少于10次;

4) 不同水情可采用不同的相关关系,相关关系定线精度指标应符合《水文资料整编规范》(SL 247—2012)的定线精度要求。

8.4 巡测方案实例

目前我处水位、雨量均采用遥测自动采集传输,结合我处水文站各测站特性、站网布局,制定站区巡测方案。

8.4.1 巡测区基本概况

骆运水利工程管理处所管国家基本站共9个,其中水文站8处、水位站1处,均为堰闸站,流量关系曲线均为单一线,在水工建筑物不改变情况下关系比较稳定。目前沙集闸站、嶂山闸站、杨河滩闸站、皂河闸站、宿迁闸站、刘老涧闸站、刘涧新闸站等7处站点已率定出流量关系曲线,泗阳闸流量测验设施正在省基本站达标建设工程中实施建设,尚未率定出流量关系曲线。另外还有10个巡测断面,分设在我处江水北调或淮水北调的 5 个抽水站及黄墩湖滞洪区的 4 个泄洪闸，根据省厅及水情调度的需要施测水情；我处同时还承担着南水北调的 3 个供水监测计量断面的流量测验及水量分析计算工作。测站分布如图 8-1 所示。

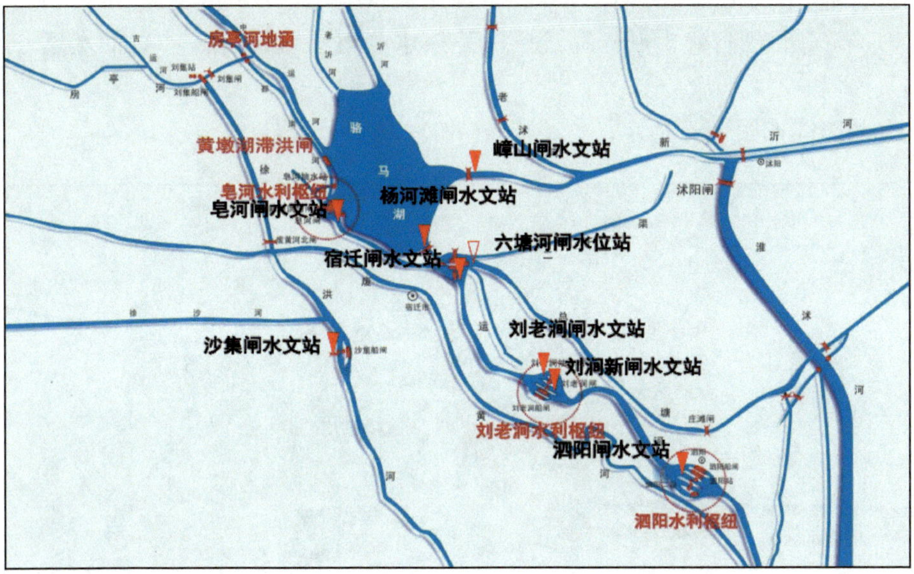

图 8-1　骆运站区测站分布示意图

8.4.2　测次及巡测时机

骆运站区均为堰闸站，水位流量关系线为单一线，采用 ADCP 法或流速仪法实测建筑物出流量，现场率定流量系数。

按照闸门开启情况(高度、孔数)、流态和上、下游水位的不同组合均匀布置测次，一般不少于 5 次，出现较少的流态应抓紧时机抢测，以满足报汛及资料整编的要求。

8.4.3　巡测方式及路线

1. 巡测方式

根据骆运站区测站的分布情况、交通条件、人力资源配置、设备配置及各测站的水流特性，综合考虑采用结合式巡测模式。

2. 巡测路线

根据骆运站区各测站地理位置分布以及测站特性，制定三条巡测线路。

1）第一条线路：杨河滩闸—皂河水利枢纽（皂河闸、新邳洪河闸、邳洪河北闸、皂河抽水站、皂河二站）—房亭河地涵。

2）第二条线路：刘老涧水利枢纽（刘老涧闸、刘涧新闸、刘老涧抽水站、刘老涧二站）—泗阳水利枢纽（泗阳闸、泗阳一站、泗阳二站）。

3）第三条线路：嶂山闸—宿迁闸—沙集水利枢纽（沙集闸、沙集抽水站、睢宁二站）。

巡测路线如图 8-2 所示。

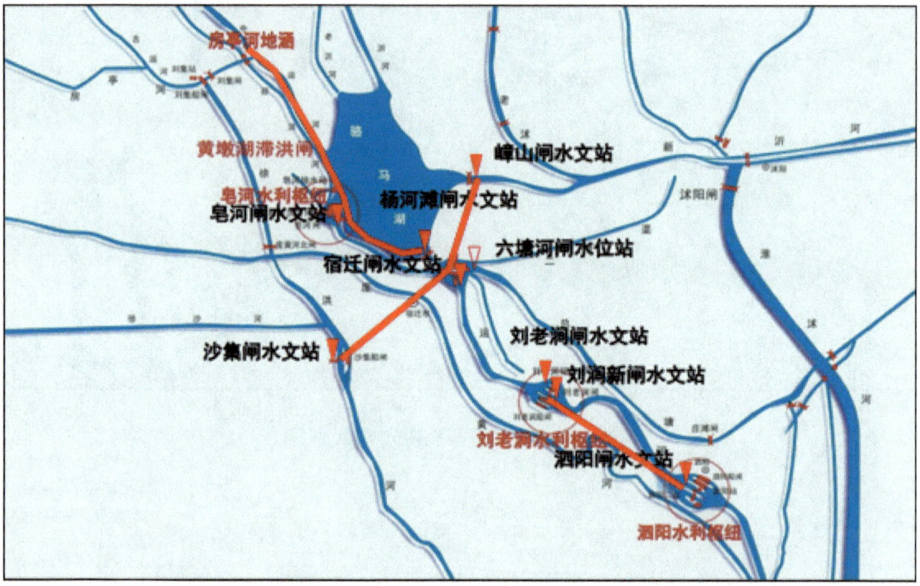

图 8-2　骆运站区巡测路线示意图

8.4.4　巡测资源配置方案

1. 仪器设备配备

ADCP、无线载体船、测深仪、GPS、笔记本电脑、12 V 电池、对讲机等。

2. 人力资源配备

根据设备及人员情况，组成 3 个巡测小组。总指挥为水文站站长，负责主持巡测的全面工作；巡测小组组长为分管业务副站长或业务技术负责人，负责测验现场的全面工作，包括测验安全、测流成果的审定等工作；设备的调试及安装由技术骨干完成，负责测验前的设备、安全用具等准备，现场 ADCP 的调试等工作，具体分工见表 8-2。

表 8-2　巡测小组分工表

	总指挥	组　长	调　试	安　装
第 1 巡测小组	站长	A_1	B_1	C_1
第 2 巡测小组		A_2	B_2	C_2
第 3 巡测小组		A_3	B_3	C_3

各岗位责任分工

总 指 挥:负责主持巡测的全面工作。

组　　长:负责测验现场的全面工作,包括测验安全、测流成果的审定等工作。

调试组员:负责现场 ADCP 的调试工作,根据不同测验环境设定相应参数等。

安装组员:负责测验仪器的安装工作,包括测验前的设备、安全用具等准备。

第二部分 水文情报与遥测管理

第 9 章　水文情报

水文情报为工程控制运用管理及上级防汛防旱部门调度决策提供及时准确的水雨情信息。水文情报日常工作由水情人员负责，工作内容主要包括：水情信息交换、遥测自动编报、水情遥测等系统监视检查，同时做好故障及时发现和处理；遥测水位合理性分析；水雨情信息简报编发等。

9.1　水文报汛

水文报汛现有人工报汛和遥测数据自动编报两种方式。

人工报汛是人工编制水情信息编码，通过语音电话或移动网络将水情信息传输至水情信息接收服务器，写入水情数据库。

遥测数据自动编报，是指编报软件整点时自动读取遥测数据库内水雨情数据，写入水情数据库。

以上两种报汛方式的水情信息通过水情信息交换系统传送至省中心。水情信息传输拓扑示意图如图 9-1 所示。

9.1.1　测站

测站可通过手机、计算机、语音电话等方式进行报汛。

1）手机：通过移动报汛 APP 或短信进行报汛。

2）计算机：通过省水利局域网使用实时水情报汛系统软件进行报汛，或通过互联网登录移动报汛服务器进行报汛。

3）语音电话：通过有线电话网，使用专用语音报汛电话机进行报汛。

9.1.2　分中心

1. 报汛服务器接收的水情信息写入水情数据库，通过水情信息交换系统报送至省中心。

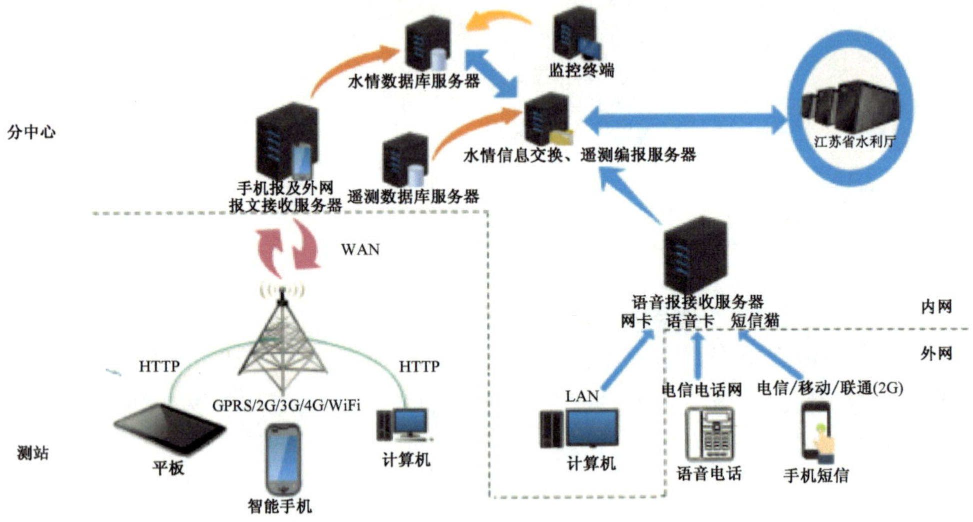

图 9-1 水情信息传输拓扑示意图

2. 遥测数据库内的实时水雨情数据经遥测自动编报系统自动编报写入水情数据库，再通过水情信息交换系统报送至省中心。

3. 语音报接收服务器分别通过网卡、语音卡、短信猫(GPRS MODEM)接收水情信息写入水情数据库，通过水情信息交换系统报送至省中心。

9.2 系统监视检查

系统监视检查内容主要包括水情遥测、水情遥测自动编报、水情信息交换等系统。

9.2.1 水情遥测系统检查

通过访问 10.32.145.208 网页(图 9-2)查看水雨情信息是否为当前最近 5～10 min 的数据，否则水情遥测系统不正常。

9.2.2 水情遥测自动编报系统检查

检查整点遥测编报的迟报数、早报数、缺报数、告警数等情况(如图 9-3 所示)，发生以上现象时，应查明原因并及时处理。

实时水情详报

2017年3月8日

实时水情简报

遥测		监控	
嶂山闸 上游 23.21 下游 15.72	时间:2017/3/8 14:50:00 时间:2017/3/8 14:50:00	嶂山闸 上游 下游	上游时间: 下游时间:
洋河滩闸 上游 23.22 下游 18.85	时间:2017/3/8 14:50:00 时间:2017/3/8 14:50:00	洋河滩闸 上游 下游	上游时间: 下游时间:
六塘河闸 上游 18.84 下游 17.94	时间:2017/3/8 14:50:00 时间:2017/3/8 14:50:00	六塘河闸 上游 下游	上游时间: 下游时间:
邳洪河闸 上游 18.85 下游 18.84	时间:2017/3/8 14:50:00 时间:2017/3/8 14:50:00	邳洪河闸 上游 下游	上游时间: 下游时间:
黄墩湖小河 上游 18.79 下游 18.84	时间:2017/3/8 14:50:00 时间:2017/3/8 14:50:00	黄墩湖小河 上游 下游	上游时间: 下游时间:
皂河闸 上游 23.22 下游 18.85	时间:2017/3/8 14:50:00 时间:2017/3/8 14:50:00	皂河闸 上游 下游	上游时间: 下游时间:
宿迁闸 上游 18.81 下游 18.24	时间:2017/3/8 14:50:00 时间:2017/3/8 14:50:00	宿迁闸 上游 下游	上游时间: 下游时间:

图 9-2　实时水情详报图

2018-07-02 报讯质量实时统计

时间	应发数	迟报数	早报数	缺报数	告警数	告警延迟数	错误数	补报数	10分钟到达
00	38	0	0	0	0	0	0	0	38
01	38	0	0	0	0	0	0	0	38
02	38	0	0	0	0	0	0	0	38
03	38	0	0	0	0	0	0	0	38
04	38	0	0	0	0	0	0	0	38
05	38	0	0	0	0	0	0	0	38
06	38	0	0	0	0	0	0	0	38
07	38	0	0	0	0	0	0	0	38
08	43	0	0	0	0	0	0	0	43
09	38	0	0	0	0	0	0	0	38
10	38	0	0	0	0	0	0	0	38

图 9-3　报讯质量实时统计界面

9.2.3 水情信息交换系统检查

检查交换系统界面上是否出现数据库连接不正常提示，交换系统界面网络连接状态显示“√”为正常(如图 9-4 所示)，“×”为不正常；检查报文收发及入库是否正常。

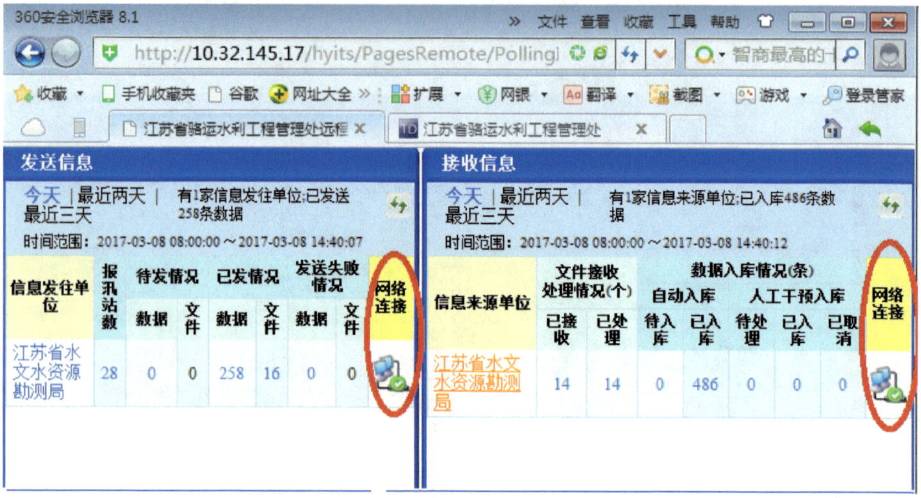

图 9-4 网络连接状态界面

9.3 报汛质量检查

每日 8 时 10 分前完成 8 时人工报文检查，检查报文的时效性、完整性、正确性。检查各单位报文迟(早)报、错报、漏(缺)报情况，根据上一次所报水情、工情信息对当前水情、工情信息进行核实，对错报进行修改，确认无误后启动报文转发系统进行报文传输。

遥测水情整点报、变动加报应点开水情信息交换系统“已发情况—数据”，检查信息是否已交换，每次检查情况均应按要求记录，如图 9-5 所示。

9.4 水情信息编码

9.4.1 编码基本规则

1. 水情信息编码分类码

根据水情站站类和水情信息的特性，水情信息编码分为降水、河道、水库(湖

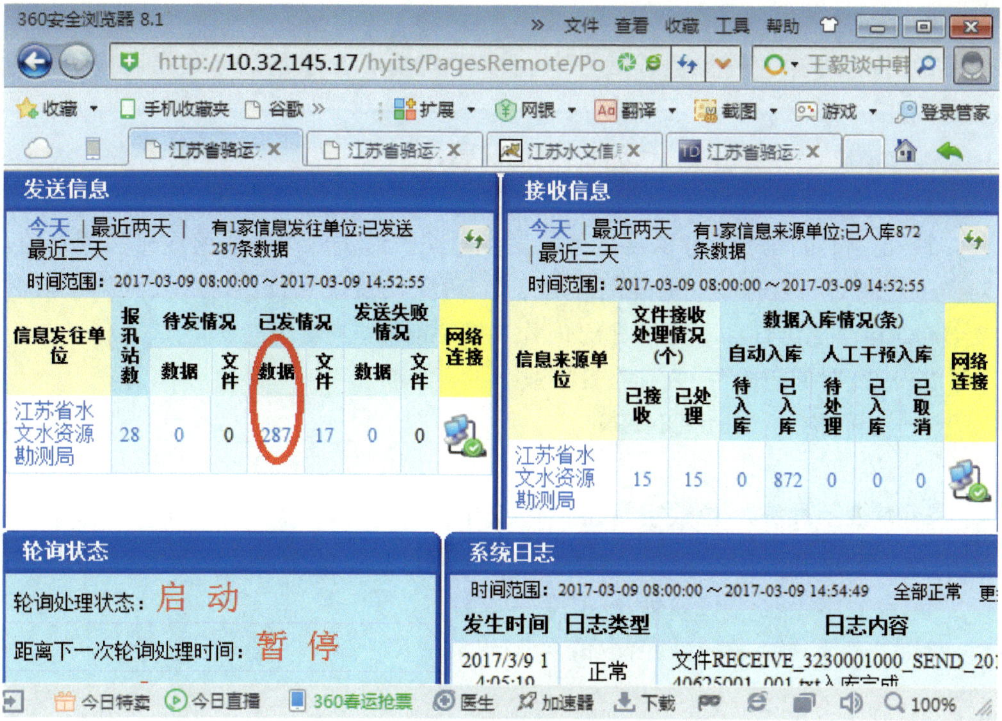

图 9-5　已发数据情况检查界面

泊)、闸坝、泵站、潮汐、土壤墒情、地下水情、水文预报等 9 类。水情站有多个编报项目时，在同一份编码中，各类信息编码可编报的水情信息及编列顺序见表 9-1。

表 9-1　水情信息编码分类码、可编报的水情信息及编列顺序

序号	编码类别	编码分类码	可编报的水情信息及编列顺序
1	降水	P	① 降水量　② 蒸发量
2	河道	H	① 降水量　② 蒸发量　③ 河道水情　④ 沙情　⑤ 冰情
3	水库(湖泊)	K	① 降水量　② 蒸发量　③ 水库水情　④ 冰情
4	闸坝	Z	① 降水量　② 蒸发量　③ 闸坝水情　④ 沙情　⑤ 冰情
5	泵站	D	① 降水量　② 蒸发量　③ 泵站水情
6	潮汐	T	① 降水量　② 蒸发量　③ 潮汐水情
7	土壤墒情	M	① 降水量　② 蒸发量　③ 土壤墒情
8	地下水情	G	① 降水量　② 蒸发量　③ 地下水情
9	水文预报	F	水文预报

2. 水情站码

1）水情站码（简称站码或站号）是水情站的标识。水情站与其站码应一一对应，具有唯一性。

2）水情站码应采用国家统一编定的站码。

3. 观测时间码

1）观测时间码表示水文要素值的发生时间。对于时段平均值或时段累计值，对应的观测时间为时段末的时间。对于旬、月平均值或累计值，以旬、月终了后的次日（即 11 日、21 日和下月 1 日）8 时作为观测时间。

2）观测时间码由月、日、时、分组成。

（1）编码格式：MMDDHHNN。

（2）说明

MM：表示月份，2 位数字，取值 01～12；

DD：表示日期，2 位数字，取值 01～31；

HH：表示小时，2 位数字，取值 00～23；

NN：表示分钟，2 位数字，取值 00～59。

9.4.2 闸坝水情编码

9.4.2.1 一般规定

在闸坝水情信息编码中，可编报降水量、蒸发量、闸坝水情、沙情、冰情等 5 类信息。主要标识符及代码见表 9-2 至表 9-7。

表 9-2 闸坝水情信息编码要素及其标识符

序号	编码要素	标识符
1	闸上水位	ZU
2	闸下水位	ZB
3	水势状态	ZS
4	过闸总流量	QA
5	流量测法	QS
6	日平均流量	QD
7	旬平均流量	QX
8	月平均流量	QM
9	闸门开启孔数	GT
10	闸门开启高度	GH

表 9-3　水势状态类型及其代码

水势状态类型	落	涨	平
ZS	4	5	6

表 9-4　水流特征分类码及其代码

河道水流特征	河水干涸	断流	顺逆不定	逆流	起涨	洪峰
HS	0	2	3	4	5	6

表 9-5　流量测法分类及其代码

流量测法	水位流量关系曲线	浮标及溶液测流法	流速仪及量水建筑物	估算	ADCP	电功率反推	其他方法
QS	1	2	3	4	5	6	9

表 9-6　降水量编码要素及其标识符

序号	编码要素	标识符
1	6 h 时段降水量	P6
2	日降水量	PD
3	旬降水量	PX
4	月降水量	PM
5	暴雨量	PR
6	天气状况	WS
7	降水历时	DT

表 9-7　天气状况类型及其代码

天气状况类型	雪	雨夹雪	雨	阴	晴
WS	5	6	7	8	9

9.4.2.2　编码示例

1. 编报时段降水量

某闸坝站 51205501，有降水观测项目，采用三级标准编报，降水量的起报标准为有雨即报。6 月 18 日 8 时至 14 时降水量为 1.4 mm，14 时天气阴，则该时段降水量编码格式编为：

Z ␣ 51205501 ␣ 06181400 ␣ P6 ␣ 1.4 ␣ WS ␣ 8 ␣ NN

注：“ ␣ ”表示空格符。下同。

2. 编报日降水量

某闸坝站 51204501，规定有雨即报，6 月 28 日 8 时至 29 日 8 时日降水量 16.8 mm，29 日 8 时天气阴，其编码格式编为：

Z ␣ 51204501 ␣ 06290800 ␣ PD ␣ 16.8 ␣ WS ␣ 8 ␣ NN

3. 编报旬降水量

某闸坝站 51204501，8 月 10 日 8 时至 11 日 8 时日降水量为 4.5 mm，11 日 8 时晴，上旬降水量 85.2 mm，其编码为：

Z ␣ 51204501 ␣ 08110800 ␣ PD ␣ 4.5 ␣ WS ␣ 9 ␣ PX ␣ 85.2 ␣ NN

4. 编报月降水量

某闸坝站 51204501，6 月 30 日 8 时至 7 月 1 日 8 时日降水量 2.6 mm，7 月 1 日 8 时天气晴；6 月下旬降水量 57.6 mm，6 月份月降水量 269 mm，其编码为：

Z ␣ 51204501 ␣ 07010800 ␣ PD ␣ 2.6 ␣ WS ␣ 9 ␣ PX ␣ 57.6 ␣ PM ␣ 269 ␣ NN

5. 编报暴雨加报

某闸坝站 51204501，时段起报标准为 10 mm，规定要进行暴雨加报，加报标准为 1 h 降雨超过 30 mm 即作暴雨计。7 月 14 日 8 时至 9 时降雨 31 mm，9 时天气雨；8 时至 14 时时段降雨量为 85.1 mm，天气阴。则：

1）9 时的暴雨加报编码为：

Z ␣ 51204501 ␣ 07140900 ␣ PR ␣ 31 ␣ DT ␣ 1 ␣ WS ␣ 7 ␣ NN

2）14 时时段降雨量已到编报标准，其编码为：

Z ␣ 51204501 ␣ 07141400 ␣ P6 ␣ 85.1 ␣ WS ␣ 8 ␣ NN

6. 列报 8 时水位，闸门全关

某闸坝站 51205501，6 月 13 日 8 时闸上水位 23.66 m，水势平；闸下水位 20.68 m，水势落，闸门全关。其编码如下：

Z ␣ 51205501 ␣ 06130800 ␣ ZU ␣ 23.66 ␣ ZS ␣ 6 ␣ ZB ␣ 20.68 ␣ ZS ␣ 4 ␣ GH ␣ 444 ␣ NN

7. 编报不同闸门开启高度

某闸坝站 51204501，6 月 5 日 20 时，2 孔开启高度 1.5 m，另 3 孔开启高度 0.7 m，当时闸上水位 23.05 m，水势落；闸下水位 21.62 m，水势落，用水位流量关系曲线查出的相应过闸流量为 135 m^3/s，则其编码如下：

Z ␣ 51204501 ␣ 06052000 ␣ ZU ␣ 23.05 ␣ ZS ␣ 4 ␣ ZB ␣ 21.62 ␣ ZS ␣ 4 ␣ GT ␣ 2 ␣ GH ␣ 1.5 ␣ GT ␣ 3 ␣ GH ␣ 0.7 ␣ QA ␣ 135 ␣ QS ␣ 1 ␣ NN

8. 包含时段降雨量信息的闸坝水情信息

某闸坝站 51204501，7 月 5 日 8 时，天气雨，日降水量为 47 mm，闸上水位 7.87 m，闸下水位 6.45 m，水势均涨，开 6 孔闸门，3 孔高度为 0.6 m，3 孔高度为 0.8 m，平均开高 0.7 m，用水位流量关系曲线查得过闸流量 56.4 m^3/s，其编码如下：

Z␣51204501␣07050800␣PD␣47␣WS␣7␣ZU␣7.87␣ZS␣5␣ZB␣6.45␣ZS␣5␣GT␣6␣GH␣0.7␣QA␣56.4␣QS␣1␣NN

9. 列报日平均的闸坝水情信息编码

某闸坝站 51204501，7 月 6 日 8 时闸上水位为 9.80 m，水势涨，闸下水位 5.34 m，水势涨，开 2 孔闸门，开启高度均为 2.0 m。瞬时过闸流量为 345 m^3/s，日平均流量为 320 m^3/s，其编码如下：

Z␣51204501␣07060800␣ZU␣9.80␣ZS␣5␣ZB␣5.34␣ZS␣5␣GT␣2␣GH␣2.0␣QA␣345␣QS␣1␣QD␣320␣NN

10. 列报旬月平均闸坝水情信息编码

某闸坝站 51105001，7 月 1 日 8 时闸上水位为 7.45 m，水势落，闸下水位 6.45 m，水势落，开 3 孔闸门，闸门开启高度均为 1.0 m，流速仪法实测过闸流量为 556 m^3/s，日平均流量为 450 m^3/s，旬平均流量为 330 m^3/s，月平均流量为 260 m^3/s，日降水量 2.6 mm，8 时天气晴；6 月下旬降水量 57.6 mm，6 月份月降水量 269 mm，其编码为：

Z␣51105001␣07010800␣PD␣2.6␣WS␣9␣PX␣57.6␣PM␣269␣ZU␣7.45␣ZS␣4␣ZB␣6.45␣ZS␣4␣GT␣3␣GH␣1␣QA␣556␣QS␣3␣QD␣450␣QX␣330␣QM␣260␣NN。

9.4.3 泵站水情编码

9.4.3.1 一般规定

泵站水情信息编码常用要素及其标识符应按表 9-8 的规定执行。

表 9-8 泵站水情编码常用要素及其标识符

序号	编码要素	标识符
1	站上水位	ZU
2	站下水位	ZB
3	瞬时抽水流量	Q

（续表）

序号	编码要素	标识符
4	日平均抽水流量	QD
5	旬平均抽水流量	QX
6	月平均抽水流量	QM
7	开机台数	NS
8	抽水流量测法	QS
9	水流特征	HS

9.4.3.2 编码示例

1. 泵站抽水

1）开机报

某泵站 51205802，6 月 2 日 13 时开机抽水，机组 20 台，站上水位 15.80 m，水势涨，站下水位 11.50 m，水势落；查线抽水流量 100 m^3/s。则编码为：

D␣51205802␣06021300␣ZU␣15.80␣ZS␣5␣ZB␣11.50␣ZS␣4␣NS␣20␣Q␣100␣QS␣1␣NN

2）关机报

某泵站 51205802，6 月 5 日 20 时，全部关机，站上水位 22.48 m，水势落，站下水位 19.50 m，水势涨，则编码为：

D␣51205802␣06052000␣ZU␣22.48␣ZS␣4␣ZB␣19.50␣ZS␣5␣NS␣0␣NN

3）报送水位、流量、日平均抽水流量

某泵站抽水，站码 51205802，7 月 2 日 8 时，机组 20 台，站上水位 15.80 m，水势涨，站下水位 11.50 m，水势落；查线抽水流量 100 m^3/s，日平均抽水流量 65.4 m^3/s。则编码为：

D␣51205802␣07020800␣ZU␣15.80␣ZS␣5␣ZB␣11.50␣ZS␣4␣NS␣20␣Q␣100␣QS␣1␣QD␣65.4␣NN

4）旬报

某泵站抽水，站码 51205802，7 月 21 日 8 时，机组 20 台，站上水位 15.80 m，水势涨，站下水位 11.50 m，水势落；查线抽水流量 100 m^3/s，日平均抽水流量 65.4 m^3/s，旬平均流量 45.2 m^3/s。则编码为：

D␣51205802␣07210800␣ZU␣15.80␣ZS␣5␣ZB␣11.50␣ZS␣4␣NS␣20␣Q␣100␣QS␣1␣QD␣65.4␣QX␣45.2␣NN

5）月报

某泵站抽水，站码 51205802，8 月 1 日 8 时，机组 20 台，站上水位 15.80 m，水势涨，站下水位 11.50 m，水势落；查线抽水流量 100 m^3/s，日平均抽水流量 65.4 m^3/s，旬平均流量 45.2 m^3/s，月平均流量 18.6 m^3/s。则编码为：

D␣51205802␣08010800␣ZU␣15.80␣ZS␣5␣ZB␣11.50␣ZS␣4␣NS␣20␣Q␣100␣QS␣1␣QD␣65.4␣QX␣45.2␣QM␣18.6␣NN

2. 泵站排水（发电）

1）开机报

某泵站 51205802，6 月 2 日 13 时开机发电，机组 20 台，站上水位 15.80 m，水势涨，站下水位 11.50 m，水势落；查线流量 100 m^3/s。则编码为：

D␣51205802␣06021300␣ZU␣15.80␣ZS␣5␣ZB␣11.50␣ZS␣4␣NS␣20␣Q␣－100␣QS␣1␣NN

2）关机报

某泵站 51205802，6 月 5 日 20 时，全部停机，站上水位 22.48 m，水势落，站下水位 19.50 m，水势涨，则编码为：

D␣51205802␣06052000␣ZU␣22.48␣ZS␣4␣ZB␣19.50␣ZS␣5␣NS␣0␣NN

3）报送水位、流量、日平均流量

某泵站排水发电，站码 51205802，7 月 2 日 8 时，机组 20 台，站上水位 15.80 m，水势涨，站下水位 11.50 m，水势落；查线流量 100 m^3/s，日平均流量 65.4 m^3/s。则编码为：

D␣51205802␣07020800␣ZU␣15.80␣ZS␣5␣ZB␣11.50␣ZS␣4␣NS␣20␣Q␣－100␣QS␣1␣QD␣－65.4␣NN

4）旬报

某泵站排水发电，站码 51205802，7 月 21 日 8 时，机组 20 台，站上水位 15.80 m，水势涨，站下水位 11.50 m，水势落；查线流量 100 m^3/s，日平均流量 65.4 m^3/s，旬平均流量 45.2 m^3/s。则编码为：

D␣51205802␣07210800␣ZU␣15.80␣ZS␣5␣ZB␣11.50␣ZS␣4␣NS␣20␣Q␣－100␣QS␣1␣QD␣－65.4␣QX␣－45.2␣NN

5）月报

某泵站发电，站码 51205802，8 月 1 日 8 时，机组 20 台，站上水位 15.80 m，水势涨，站下水位 11.50 m，水势落；查线流量 100 m^3/s，日平均流量 65.4 m^3/s，旬平均流量 45.2 m^3/s，月平均流量 18.6 m^3/s。则编码为：

D␣51205802␣08010800␣ZU␣15.80␣ZS␣5␣ZB␣11.50␣ZS␣4␣NS␣20␣Q␣－100␣QS␣1␣QD␣－65.4␣QX␣－45.2␣QM␣－18.6␣NN

第 10 章　水文遥测

遥测系统是指具有对一定距离的被测对象的某些参数进行测量、传输和处理功能的系统，即是将对象参量的近距离测量值传输至远距离的测量站来实现远距离测量的系统。遥测系统一般由输入设备、数据传输设备、终端设备三大部分组成。我处遥测系统使用南瑞平台采集水位、雨量数据，数据通过传感器采集，由测站的遥测终端（RTU）存储并转发至测站所属分中心。数据传输方式为 GPRS、CDMA。GPRS 为主信道，通过移动网传至分中心；CDMA 为备用信道，通过电信网传至省中心，然后经过策略路由，自动转至所属分中心，形成落地文件，以备入库程序调用。水情遥测系统流程见图 10-1。

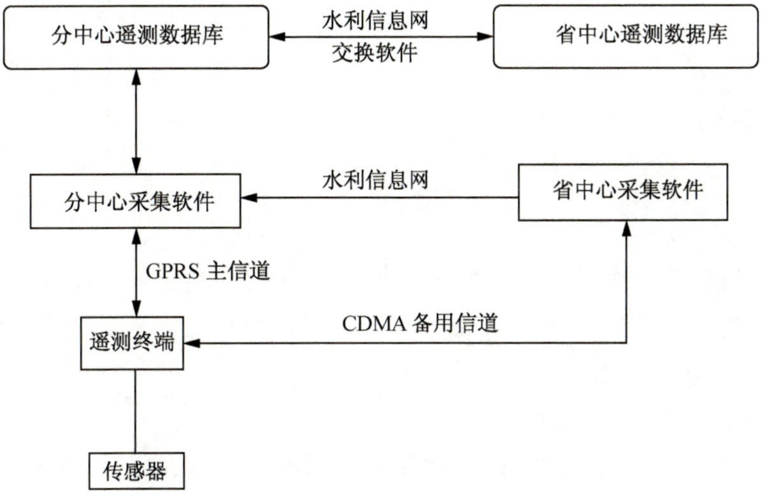

图 10-1　水情遥测系统流程示意图

本系统的工作方式为自报或召测。自报是当有关参数（如时间间隔为 5 min 或雨量等达到某一设定值）超限后，测站遥测终端自动将相关信息报往分中心；召测是分中心根据工作需要，通过采集软件向测站遥测终端发送请求，收集该站送来的数据。

10.1 测站遥测设备

测站遥测系统主要由数据采集器、通信终端、蓄电池、浮充电源、传感器等设备组成，如图 10-2 所示。

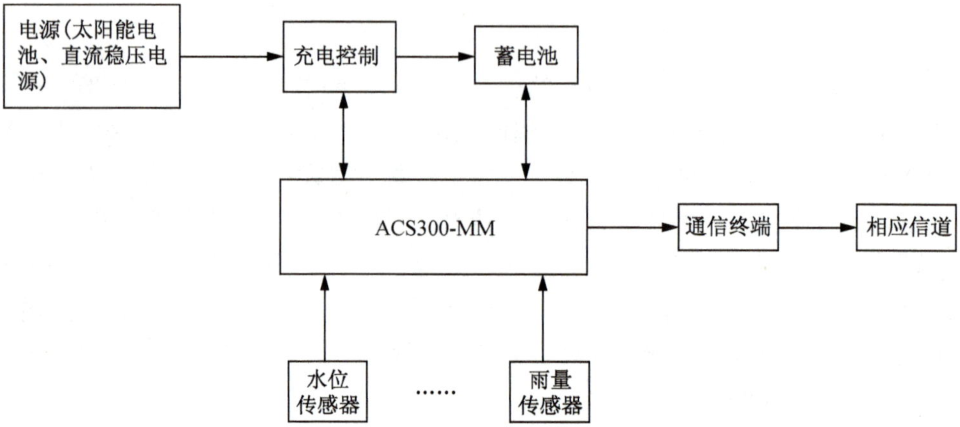

图 10-2 测站遥测设备系统框图

10.1.1 设备安装

10.1.1.1 设备之间线路连接

设备之间的连接线尽可能使用整根导线；导线接入凤凰端子时，需剥开后留 5～7 mm，硬线可直接接入，软线需加装冷压端子；水位计、雨量计及太阳能连接线推荐使用 0.75 mm^2 铜芯导线。

1. 太阳能供电系统线路连接

遥测站电源采用免维护密封酸性蓄电池供电，太阳能电池浮充的供电方式。这种供电方式避免了使用 220 V 交流电后所带来的停电、电压不稳、干扰及雷击等问题。

南瑞 ACS-SR 型太阳能电源控制器(图 10-3)，内置电子保险，具有 C 级防雷击保护，防过充、免维护，可以长期稳定运行。

南瑞 ACS-SR 型太阳能电源控制器的特点是：宽电压输入。

连接时需注意：

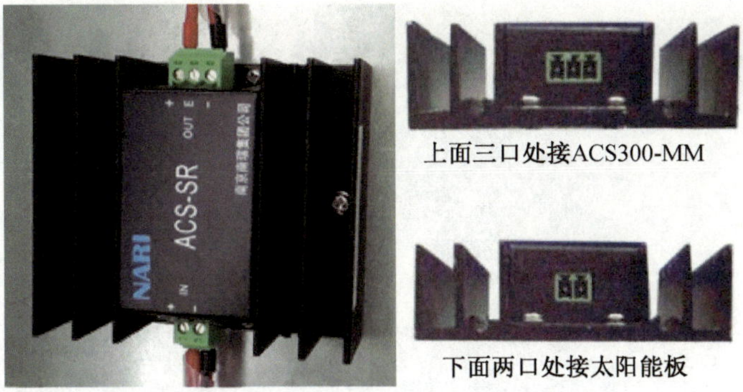

图 10-3　南瑞 ACS-SR 型太阳能电源控制器

1）接入时要先确定正负极，不要接反；

2）穿线时要使用绝缘胶带，防止短路；

3）使用万用表测量电压时需置于 0～200 V 直流档。

2. 水位计与适配器连接

ACS-ADAPTER-DI 适配器将南水 WFH-2A 型水位计采集到的模拟信号转换为数字信号。适配器左侧凤凰端子与 ACS300-MM 模块连接，右侧凤凰端子与水位计连接。注意此适配器与 ACS300-MM 模块接口是 A 对 B、B 对 A，另外两根线为电源线，当 ACS300-MM 取数时，为其供电，如图 10-4 所示。

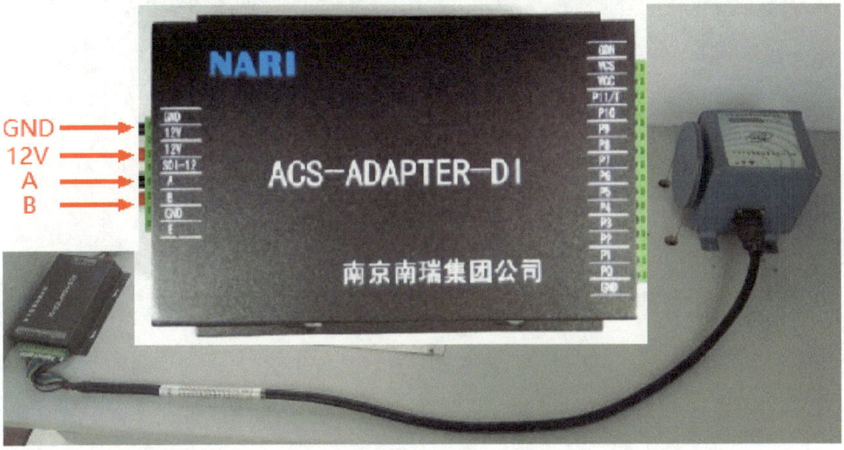

图 10-4　南瑞 ACS-ADAPTER-DI 水位计适配器

3. 水位计线与 ACS300-MM 模块连接端，如图 10-5 所示。

图 10-5　水位计连接位置

南水 WFH-2A 型水位计的适配器数据线 A、B 端与 RTU 内 ACS300-MM 端 B、A 连接，如图 10-6 所示，接线对应情况见表 10-1。

图 10-6　ACS300-MM 端连接位置

表 10-1　RTU 与水位计适配器接线对应表

ACS300-MM	南瑞 ACS-ADAPTER-DI
5(A)	B
6(B)	A

（续表）

ACS300-MM	南瑞 ACS-ADAPTER-DI
1(可控 12 Vs)	12 V
16(GND)	GND

4. RTU 与雨量计接线，如图 10-7 所示。

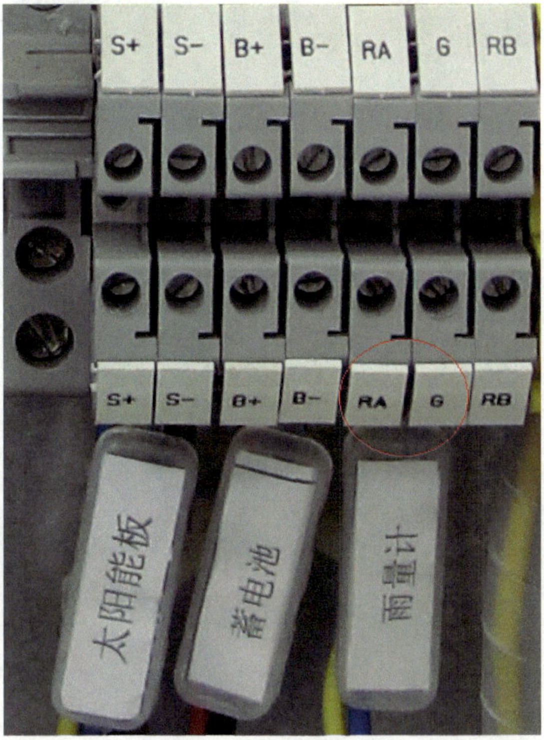

图 10-7　雨量计连接位置

将单干簧管雨量计引出的两根线接入 ACS300-MM 的【GND】与【RA】端。

5. 人工置数仪与 ACS300-MM 连接

人工置数仪主要供测站人员现场查看水位、雨量及蓄电池电压等数据。

人工置数仪与 ACS300-MM 通过串口线连接，串口线一端通过 RJ45 接头连接 ACS300-MM COM4 端口，另一端通过 DB9 接头连接人工置数仪，如图 10-8 所示。

6. ACS300-MM 与 DTU 连接

ACS300-MM COM1 端通过 RJ45 接头与 GPRS DTU 三芯信号线连接，

图 10-8　人工置数仪连接位置

ACS300-MM COM2 端与 CDMA DTU 连接，如图 10-9 所示。

图 10-9　DTU 连接位置

10.1.1.2　太阳能电池板的拆装

工具及材料：斜口钳、多用螺丝刀、扎带、万用表、安全带。

1. 太阳能电池板的安装

1）穿好导线，就位。

2）固定太阳能板，使其朝向正南略偏西。若在水边、自记房围栏外或屋顶边 2 m 内等危险处，安装人员须系好安全带。

3）使用万用表测量太阳能接线盒内电压，若电压正常即可连接导线，在连接导线前需确保两根导线没有短路。

4）从太阳能电池板引出的电源线接入太阳能电源控制器 IN 端。

5）测量太阳能电源控制器 OUT 端电压，若在 16 V 以下则安装正常。

2. 太阳能电池板的拆卸

1）拔出太阳能电源控制器 IN 端。

2）打开太阳能板上的接线盒，取下正负两根连线，接线盒恢复至未接线状态。

3）取下太阳能电池板，放至安全处。

10.1.1.3　翻斗式雨量计安装及迁移

工具及材料：水平尺、内六角扳手、活动扳手、一字螺丝刀、冲击钻及钻头、垫圈若干、膨胀螺钉、画线铅笔、电源引线等。

1. 雨量计安装

1）将雨量计放置于预留基座上，标记打孔位置，在标记位置钻孔并安装膨胀螺杆。

2）将雨量计放置于膨胀螺杆上，调整垫片将雨量计器口调至水平，固定雨量计。

3）取下承雨器，将雨量计底座水平气泡调至居中，旋紧固定螺钉。

4）安装翻斗：松开前轴承支部件螺钉，手持翻斗外部，将翻斗轴两端放入宝石轴承内，旋紧螺钉。

5）检查轴承工作游隙，两手轻轻扶住翻斗，沿着翻斗轴向轻微地来回窜动（轴承工作游隙约 0.3 mm）。

6）检查翻斗部件的轴承摩阻特性，双手轻轻将翻斗部件持平，然后放开，翻斗应很灵敏地翻转，无卡滞现象。

7）测试信号，确认翻斗安装正确，接线至 RTU 端，测试雨量计连接线缆通信是否正常。

8）安装承雨器，复核承雨器口水平。

2. 雨量计迁移

为避免降雨量在迁移时漏测，应选择晴好天气进行雨量计迁移。

1）按要求预先铺设雨量信号线并完成通断测试。

2）断开 RTU 箱内雨量接线。

3）卸下承雨器，拆下翻斗及底座。

4）迁移过程中要避免碰撞，防止变形、损坏等。

5）在新的场地按照雨量计安装要求进行安装。

10.1.1.4　水位计安装及更换

工具及材料：多用螺丝刀、斜口钳、老虎钳、剥线钳、冷压端子若干、南水 WFH-2A

型水位计、南瑞 ACS-ADAPTER-DI 485 适配器及连接线等，如图 10-10、图 10-11 和图 10-12 所示。

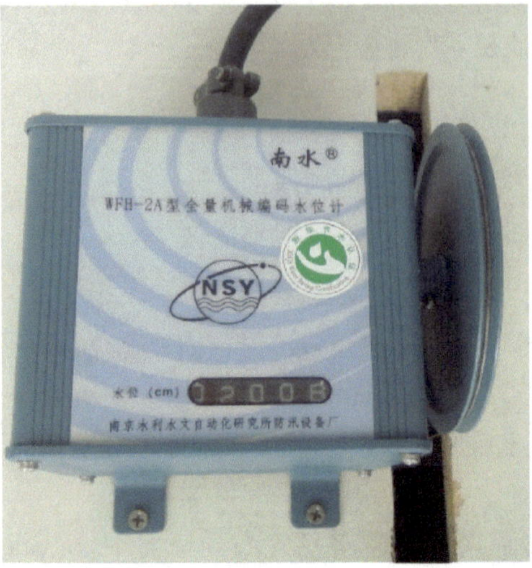

图 10-10　南水 WFH-2A 型水位计

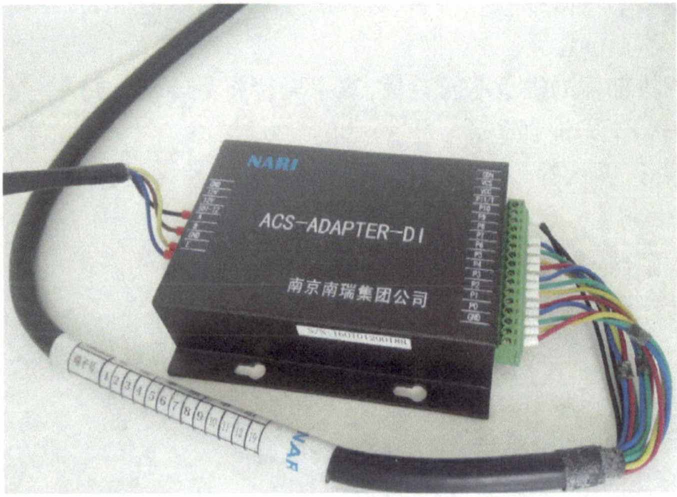

图 10-11　南瑞 ACS-ADAPTER-DI 485 适配器

1. 水位计安装

1) 确定安装位置，钻过线孔，孔径约 20 mm。

2) 将传动钢丝绳从安装平台上方向下穿入平衡锤端过线孔，再从平台下方取

图 10-12　水位计与适配器连接示意图

出绳端，将平衡锤固紧在绳端。

3）将平衡锤放入测井，直至平衡锤触及井底，将传动钢丝绳绕过水位计传动轮，向下穿入浮子端过线孔，预留约 30 cm 后剪断钢丝绳，再将传动钢丝绳头与浮子固紧。

4）将浮子缓慢地放入测井，直至触及水面并自动寻找到平衡点。

5）微调水位计的位置，使水位计传动轮两端的传动钢丝绳处于过线孔的中心，然后将水位计固定于安装平台上。

2. 水位计更换

1）观测水尺，读取水位，将要换上的水位计的数值设置为当前水位；

2）观察连接水位计的适配器指示灯，指示灯闪亮后，把 19 芯航空头旋下。

3）移入新水位计并固定好，放置好浮子及平衡锤。

4）观测水尺，校核水位。

5）安装并旋紧航空头。

6）打开人工置数仪，校验水位数据及时间至正常。

10.1.2　参数设置

10.1.2.1　ACS300-MM 模块

1. 传感器参数选择，如图 10-13 和图 10-14 所示。

ACS-300MM 内设定地址应与适配器地址一一对应。当上下游共用一台 RTU 时，上游地址设为 1，下游地址设为 2；当上下游各用一台 RTU，地址均设为 1。

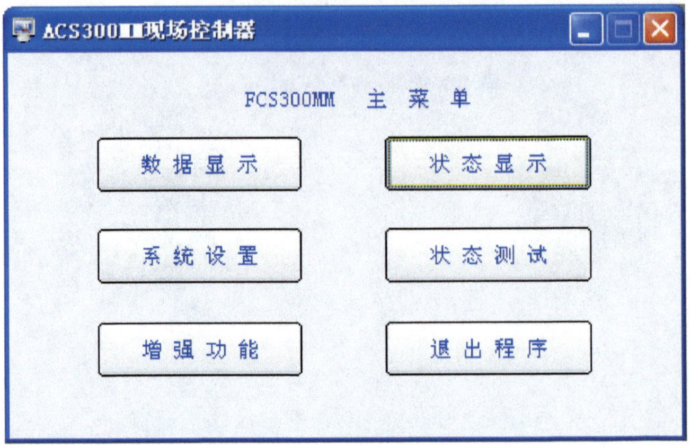

图 10-13　FCS300MM 主菜单界面

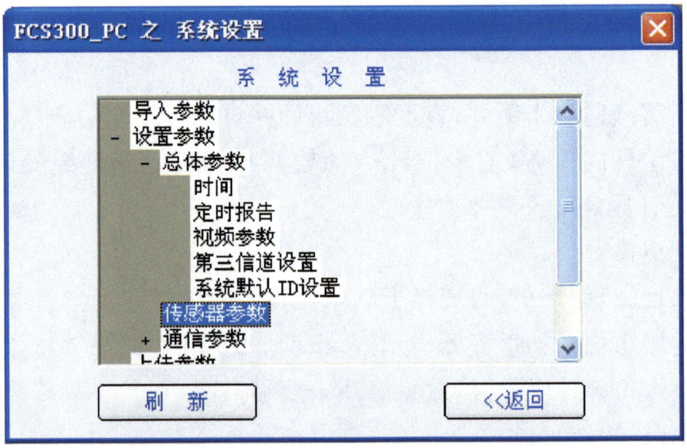

图 10-14　传感器参数选择界面

2.【SDI-12 命令操作】

主要用来查看和修改 WFH-2A 连接的适配器地址。

1）调用 SDI-12 命令，如图 10-15 所示。

2）读出适配器地址，如图 10-16 所示。

3）更改地址：如 2 改 1 用 2A1!，1 改 2 用 1A2!，如图 10-17 和图 10-18 所示。

3. ACS300-MM 备份

备份内容包括：已采集的数据、设备配置参数。

1）已采集遥测历史数据保存

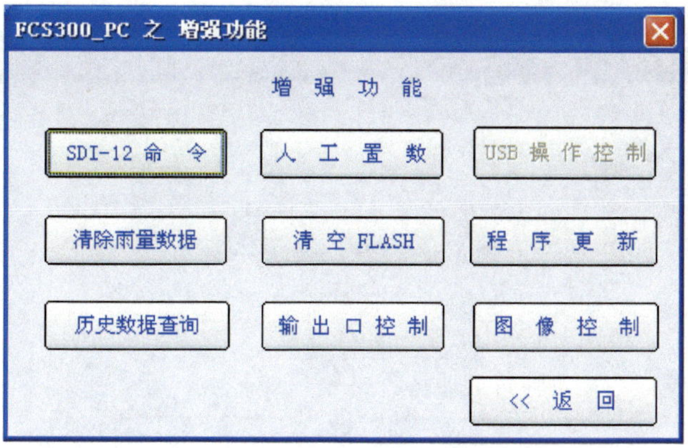

图 10-15　增强功能界面

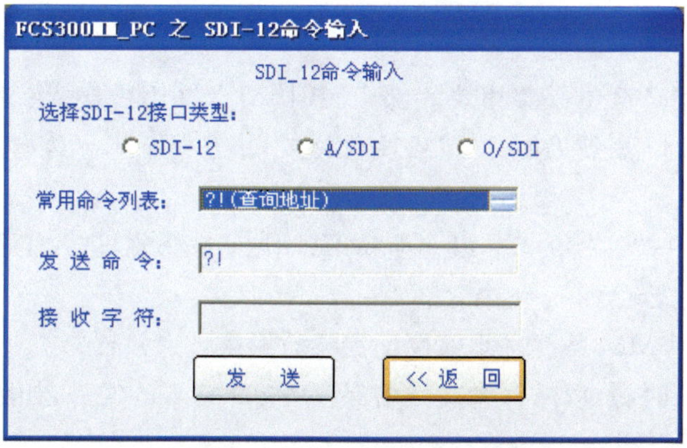

图 10-16　读地址命令输入界面

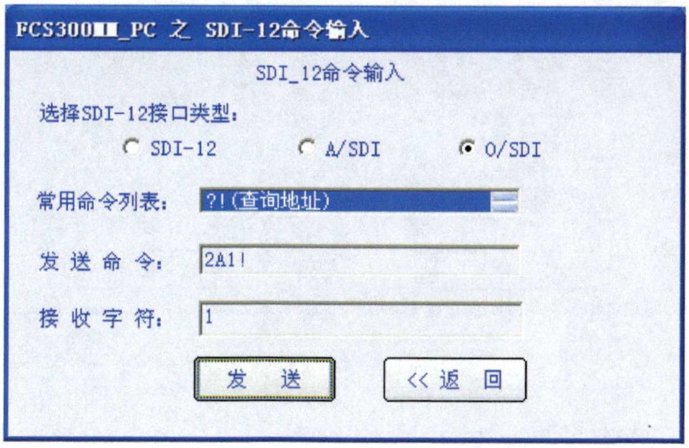

图 10-17　更改地址为 1 命令输入界面

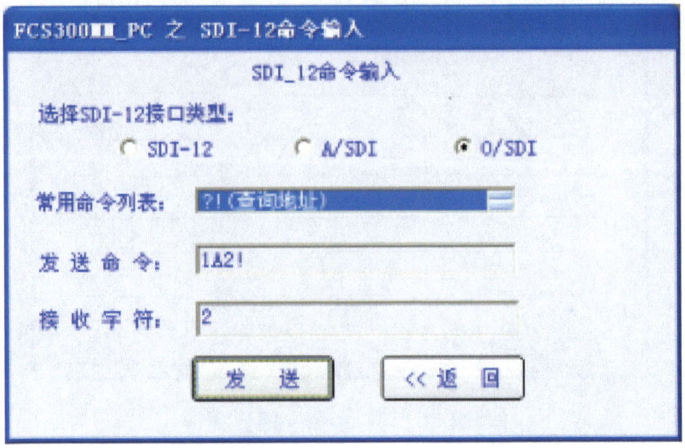

图 10-18　更改地址为 2 命令输入界面

ACS300-MM 数据采集模块底部 USB 接口允许用户接入标准的 U 盘，现场提取历史数据。U 盘需采用 FAT32 文件格式，根目录下不允许有其他目录和其他无关的文件。

按下 TEST 按钮持续 5 s 以上至 MCU 快闪并释放，进入 USB 操作状态，将所有的历史数据转存到 U 盘中。

2）ACS300-MM 数据采集模块配置参数保存

双击【保存参数】，以站号为文件名保存为 dat 格式的文件，如图 10-19 所示。

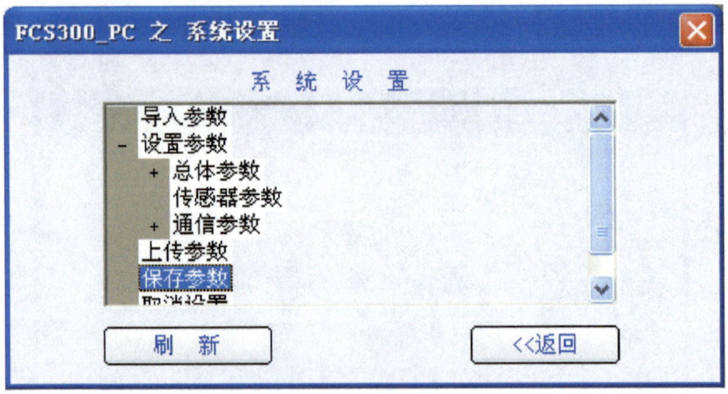

图 10-19　保存参数界面

4. ACS300-MM 固件升级

固件升级前需进行数据备份，升级步骤如下。

1）打开程序，如图 10-20 所示。

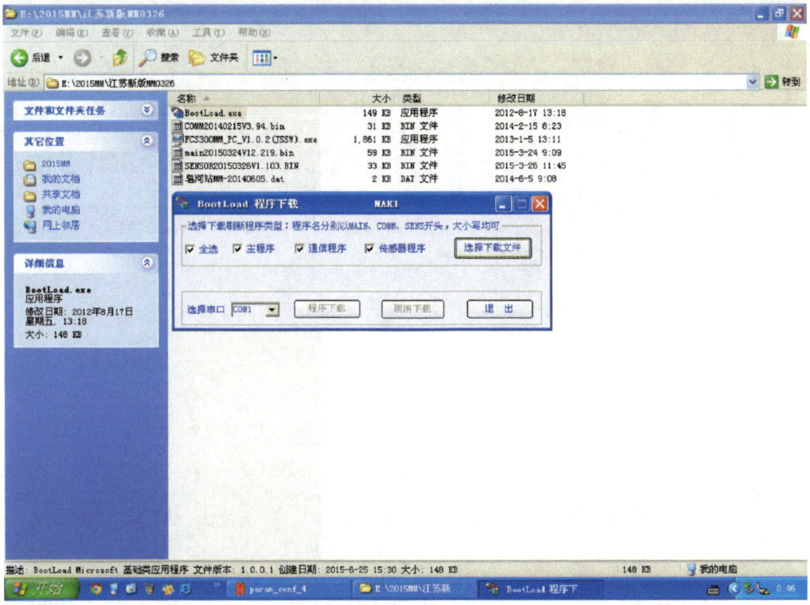

图 10-20　固件升级界面

2）点击【选择下载文件】，选择将要升级的新版文件，如图 10-21 所示。

图 10-21　选择新版固件界面

3）点击【程序下载】即可完成升级，如图 10-22 所示。

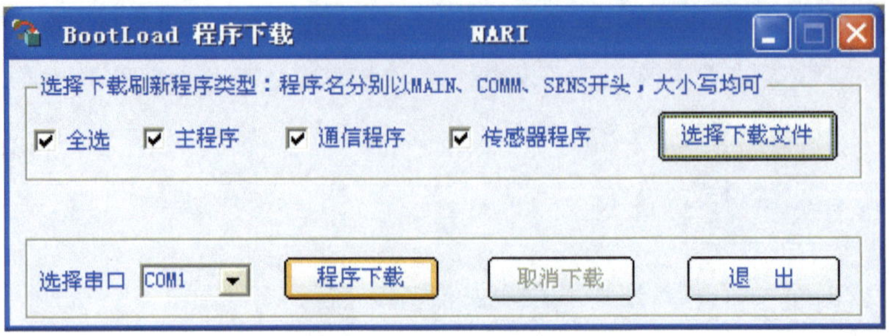

图 10-22　程序下载界面

10.1.2.2　DTU 参数设置

1. 将 DTU 与 PC 的串口相连，然后启动 param_conf. exe。

2. 依次点击【打开串口】、【连接】，拔出 GPRS 或 CDMA DTU 的凤凰端子后，再迅速插入即可连接成功，输入密码（默认为“1234”），如图 10-23 所示。

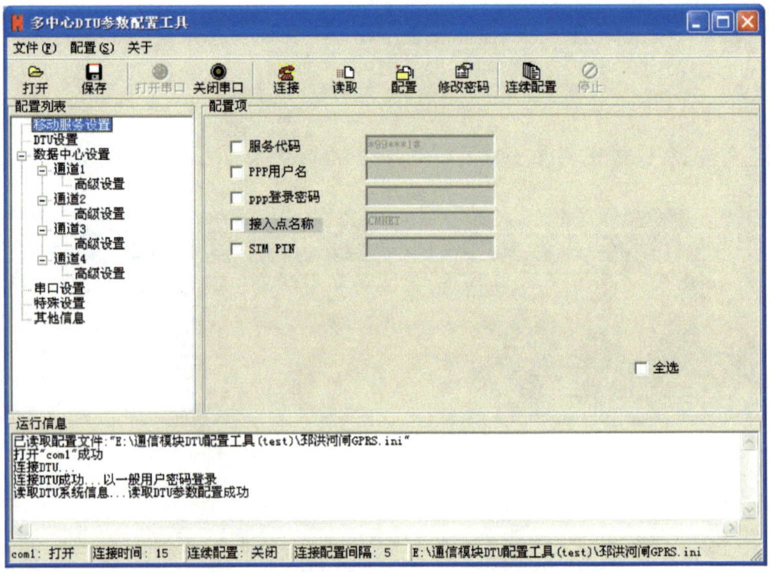

图 10-23　串口连接界面

3. 设备连接成功后，程序会自动加载上次的配置文件（图 10-24），如不需要此配置，可以点击【打开】去选择所需的配置文件。例如，更换六塘河 GPRS DTU 后配置，注意要“全选”后再配置相应的测站的宏电 GPRS7710 或 CDMA7710，如图 10-25 和图 10-26 所示。

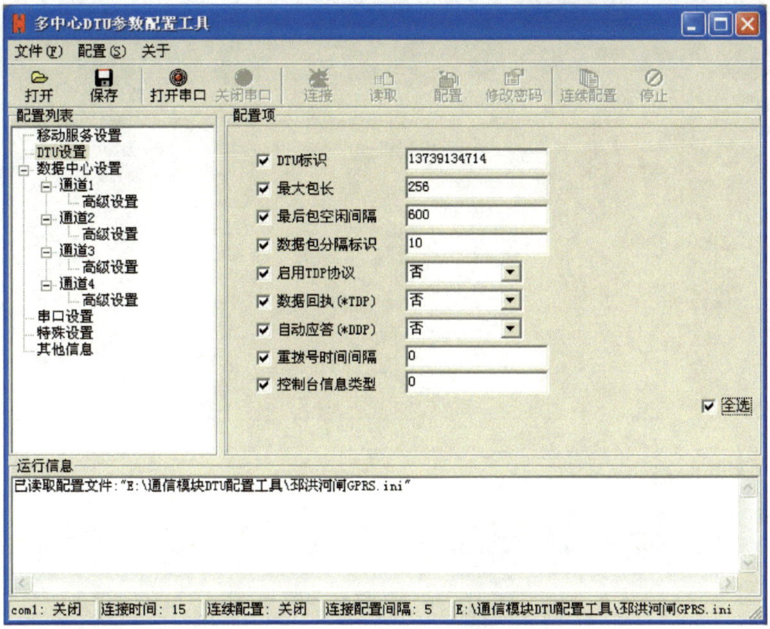

图 10-24　程序加载配置界面

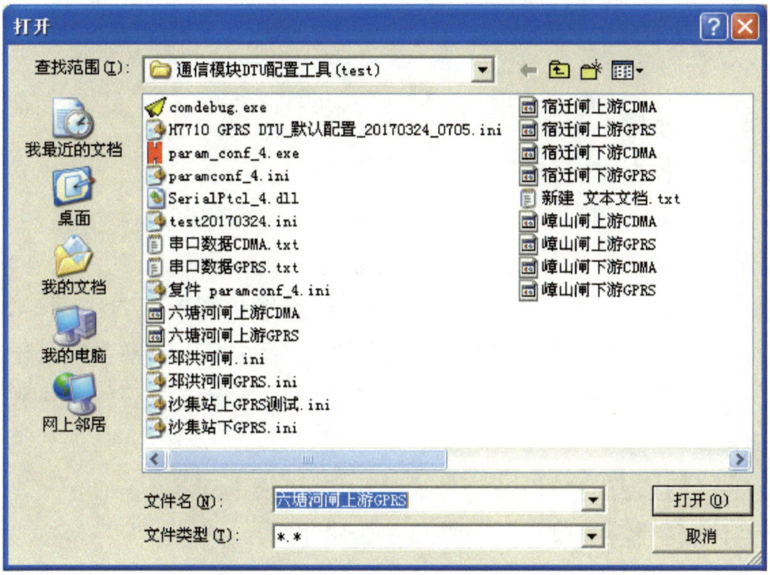

图 10-25　选择加载配置文件界面

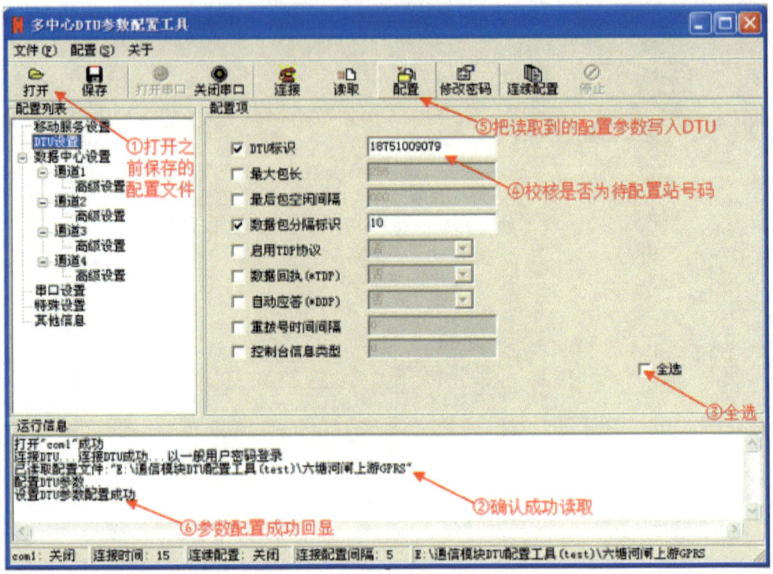

图 10-26　配置步骤界面

10.1.3　设备维护保养

10.1.3.1　翻斗式雨量计的维护保养

1. 检查维护步骤

1）查看天气预报，选择晴好天气。

2）检查、清洗引水漏斗、排水漏斗，确保漏斗孔汇流畅通、无堵塞。

3）检查翻斗翻动灵活性，检查时可轻轻向上托住翻斗使其保持在水平位置，检验翻斗是否能左右灵活翻动。如发现翻斗在水平位置不能自由回转，说明翻斗轴尖与宝石轴承之间可能存有脏物，此时可取下翻斗清理轴尖和宝石轴承中的异物后再进行安装，问题即可解决。注意：清洗翻斗时严禁在宝石轴承中添加润滑油脂或其他溶液。

4）检查信号是否正常，保证信号线绝缘良好，通断正常。

5）雨量计底座整平，检查承雨器口是否水平。

2. 检查维护要求

1）检查维护前应先断开信号线。

2）雨量计应稳固、无变形，器口内径应符合性能要求。

3）承雨器口应水平，器口平面水平倾斜度应小于 1°。

4）雨量计内外应清洁，过水部件汇流通畅、无堵塞。

5）特大暴雨过后，应对暴雨中心区域的雨量站检查维护 1 次。

3. 注水试验

注水试验前将 RTU 采集模式设为测试模式，在置数仪的键盘上按回车键，查看系统时间，等到 5 min 自报完成后，立即按 ASC300-MM 模块上底部的红色“TEST”按键 2 s 以上，看到 MCU 闪烁立即释放；此时可以看到 SEN 闪烁，RTU 此时进入测试状态，如图 10-27 所示。

图 10-27　ACS300-MM 模块

注水试验完成后，再次按下 ASC300-MM 上的测试按键 2 s 以上看到 MCU 闪烁立即释放，此时 MCU 和 SEN 两指示灯全灭，代表系统退出测试状态，恢复正常采集自报状态。此步要求在遥测正常采集数据前完成，建议提前至少半分钟以上完成。

4. 仪器测量误差试验

注入 5～10 mm 清水湿润过水部件，同时检查翻斗运转是否灵活，信号输出是否正常。清除翻斗存留水量后，一般采用注入法进行注水试验，用便携式雨量计校准装置或其他带有标准量器的降雨强度模拟装置以 1.5～2.5 mm/min 的模拟降雨强度向仪器注入清水，同时对翻斗翻转次数进行计数，翻斗翻转 $10/c$ 次（c 为仪器分辨率）立即停止注水，记录注入水量、传感器输出值和历时。分辨率为 0.1 mm、0.2 mm 的仪器每次注入量不少于 10 mm，分辨率为 0.5 mm、1.0 mm 的仪器每次注入量分别不少于 12.5 mm 和 25 mm。

10.1.3.2 太阳能电池板维护保养

太阳能电池板充电效率降低时，需进行保养。保养工作应在清晨、傍晚、夜间或阴天阳光暗弱的时间段内进行，严禁在中午前后或阳光比较强烈的时段进行。

1. 维护保养

用干燥的小扫把或抹布将表面的附着物如干燥浮灰、树叶等扫掉。对于紧附于玻璃上面的硬性异物如泥土、鸟粪、黏稠物体，则可用稍硬刮板或纱布进行刮擦处理，但需注意不能使用硬性材料来刮擦，防止破坏太阳能板表面。

对于紧密附着在太阳能板上，无法清扫掉的物体，则需要通过清水冲洗来处理。如遇到油性污物等，可用洗洁精或肥皂水等对污染区域进行单独清洗。

2. 注意事项

1）必须按规定使用安全防护用具，防止高空坠落及触电。

2）禁止踩踏太阳能电池板、导轨支架。

3）禁止将清洗水喷射到接线盒。

4）清洗过程中，太阳能电池板上的标牌标识不得丢失。

5）维护后，表面无灰尘、无水渍、无附着物。

10.1.3.3 蓄电池的维护保养

1. 维护保养

1）蓄电池投入运行前要进行初充电，初充电完成后进入正常运行模式。

2）经常保持蓄电池表面及工作环境清洁、干燥。清洁蓄电池时应避免产生静电，用湿布清洁灰尘污渍，禁止使用干抹布、刷子，否则会因静电引起爆炸。

3）每半年检查一次正负极接线柱是否有松动、腐蚀、漏液等情况。

4）每月应检查蓄电池外壳是否有鼓涨、裂缝，表面是否有白色晶体。

5）运行期间经常观察蓄电池室温度、湿度是否满足要求，蓄电池电压是否正常，接线柱是否有发热现象。

6）每年对蓄电池进行一次容量检查。每半年进行一次核对性充放电试验，活化电池内的活化物质，恢复电池的容量。当蓄电池的容量达不到额定容量的 80% 以上，则认为此蓄电池使用年限已到，要进行更换。

闲置的蓄电池在存放过程中存在缓慢地自放电，应每季度充电一次。12 V 的电池，在充电良好的情况下，电池电压应为 13.5 V 左右。

充放电试验以 SBCT-253 蓄电池活化仪为例。

(1) 将电缆线的红(+)、黑(-)端连接好蓄电池，确认连接牢固(若松动则会引起过热)。

(2) 将带有红、黑的镀金夹子与蓄电池电池的正负极相接。

(3) 打开电源开关，显示操作主界面，如图 10-28 所示。

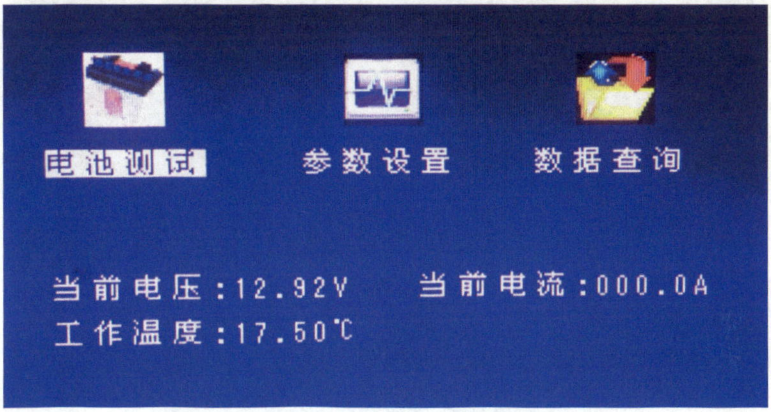

图 10-28　SBCT-253 蓄电池活化仪操作主界面

(4) 参数设置，根据蓄电池标称容量进行相关参数设置，见表 10-2。

表 10-2　蓄电池活化相关参数设置表

标称容量(AH)	电压低限(V)	放电电流(A)	放电时间(h)	放电容量(AH)	充电电流(A)	均充电压(V)	浮充电压(V)	充电容量(AH)
120	10.8	10	12	120	6	14.10	13.60	144
100		10	10	100	5			120
65		6	11	65	4			78
45		4	12	45	3			54

放电电流：标称容量/4～标称容量/12；

放电时间：4～12 h，一般放电时间=标称容量/放电电流；

放电容量：上限为电池标称容量；

充电电流：标称容量/10～标称容量/20；

充电容量：标称容量×1.2。

(5) 通过操作面板上左右键进行菜单选择，进入下一级菜单，如图 10-29 所示。

(6) 选择“活化测试”，进入活化测试界面，如图 10-30 所示。

(7) 按下【启动】进入活化界面，如有故障告警则进入相应的告警界面。

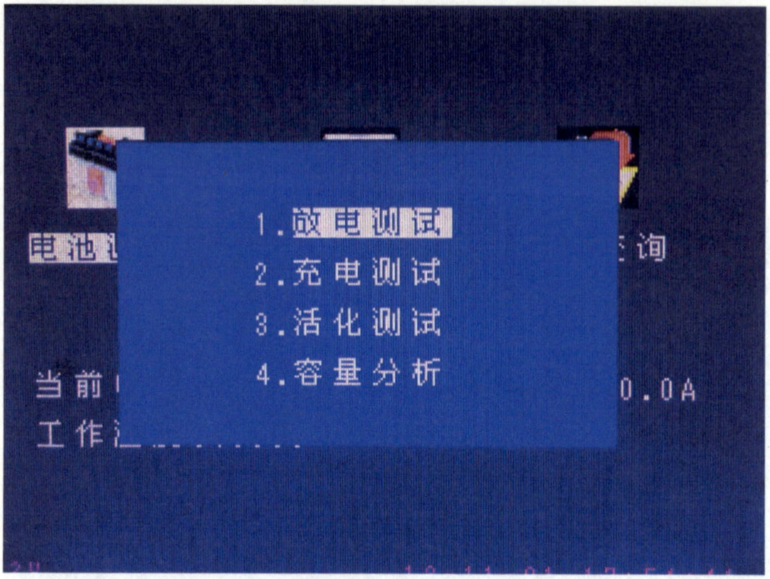

图 10-29　活化测试选择界面

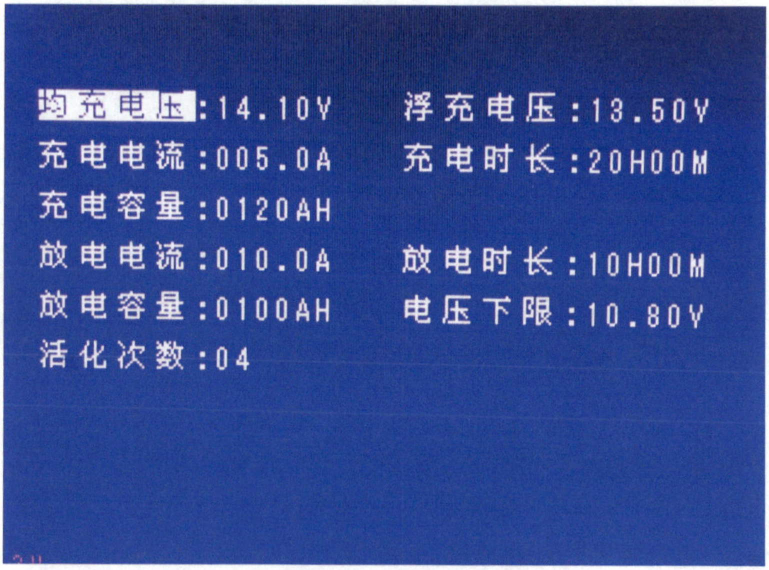

图 10-30　活化测试界面

(8) 按下【返回】键，返回到活化参数设置界面。

(9) 如需单独充放电，只需进入充电、放电设置界面，按下【启动】键，即开始充放电。

(10) 进入容量分析参数设置界面，按下【启动】进入容量分析界面，如图 10-31 所示。一次正确的分析过程需要 6 min，分析结束后进入容量分析结果界面，显示被分析电池的容量；容量分析结果为 80%，说明电池完好；容量分析结果小于 80%，说明电池应该报废。

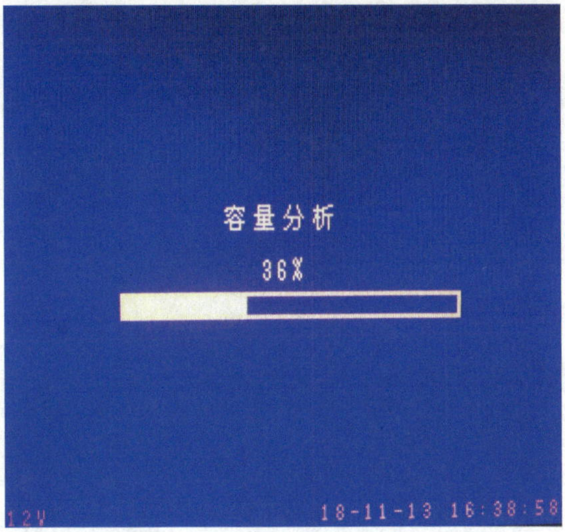

图 10-31　容量分析界面

(11) 对一节蓄电池进行活化测试前，首先应用万用表测量蓄电池的电压，并做好记录；活化测试结束后，再次用万用表测量蓄电池的电压，做好记录。

(12) 每完成一次操作，将 USB 插入 USB 孔，进入数据查询界面，选择 USB 存储，按【开始】键开始数据转存，当界面上显示“数据转存成功 100%”后，拔掉 USB。

蓄电池保养记录见表 10-3。

表 10-3　蓄电池保养记录

电池名称	日期	时间	电压	容量分析	活化	备注

2. 注意事项

1）电池上面不可放置金属工具。

2）电池应远离火源，避免浸水、结冰、太阳直晒。

3）请勿使用任何有机溶剂清洗电池。

4）操作时，注意电源正负极不能接反。

5）电池使用和维护时，需做好安全防护，防止短路。

6）电池极柱、端口和有关附件含有铅和铅的化合物，需在操作过后洗手。

7）所有的维护工作必须由专业人员进行。

10.1.4 故障排除

10.1.4.1 测站故障判断及排除方法

1. 置数仪无显示

1）检测电压是否正常；

2）检查线路通断；

3）测试 RTU 正常且数据可以自报至分中心，请取下置数仪带回换新。

2. RTU 水位显示故障

1）检测电压是否正常；

2）检查水位计至 RTU 线路的通断情况；

3）依次替换水位适配器、水位计排除故障。

3. 水位数值固定或突然增大、减小

1）检查浮子、重锤是否脱落、卡阻；

2）检查是否人为失误，恢复原状；

3）依次替换水位适配器、水位计排除故障。

4. 采集水位数据错误，校测正常后，隔段时间又出错

1）检查浮子、重锤是否卡阻，配重是否正确；

2）自记井进水管是否堵塞；

3）更换水位计排除故障。

5. 电源电压低

1）检查线路；

2）更换蓄电池；

3）依次替换电源适配器、太阳能板排除故障。

6. 测站信息采集正常,分中心接收不到数据

1) 检查 SIM 卡是否欠费;

2) 检查移动及电信专线是否有问题;

3) 更换 DTU。

7. 采集不到降水量数据

1) 检查承雨器口是否堵塞;

2) 检查翻斗是否卡死;

3) 检查干簧管通断情况;

4) 检查雨量计至 RTU 线路的通断情况。

8. 雨量数据系统偏差较大

1) 滴定检查校准;

2) 更换雨量计。

9. 雨量数据冒大数

1) 检查是否人为失误;

2) 检查干簧管;

3) 检查线路是否短路。

10.1.4.2　故障处理相关表格

详细表格见附录 B《遥测数据采集平台操作单》、附录 C《测站遥测故障处理登记表》。

10.2　分中心遥测管理

10.2.1　检查操作

10.2.1.1　对时

1. 手动对时

1) 请先点击分中心平台窗口右下角图示位置(如图10-32 所示),打开测站消息显示设置。

2) 为防止所有测站自报来数多、刷屏快,只选需对时测站,方便查看对时测站数据,如图 10-33 所示。

3) 点击【系统管理】,选择“用户登录”,如图 10-34 所示。

图 10-32　设置测站消息隐显位置

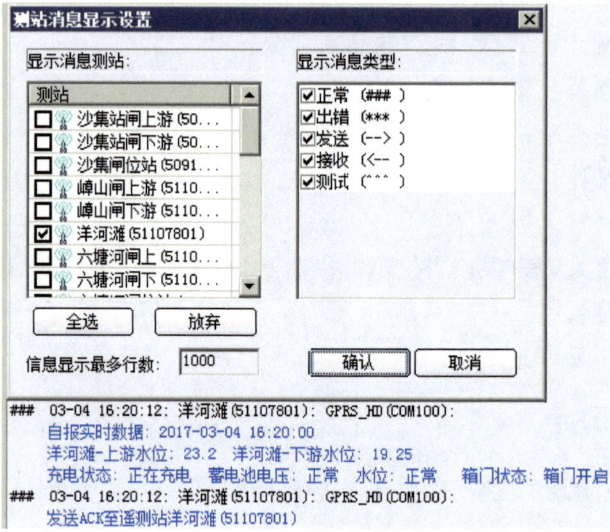

图 10-33　测站消息显示界面

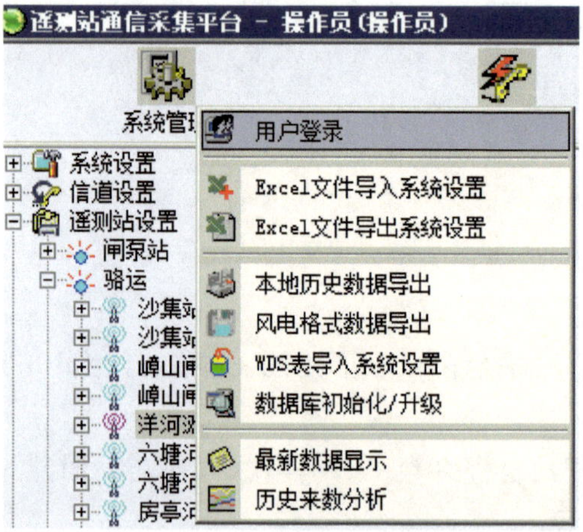

图 10-34　系统管理界面

4）选择“管理员”，获取分中心平台对时权限，确认后在平台窗口左上角可看到现在已登录为管理员，如图 10-35 和图 10-36 所示。

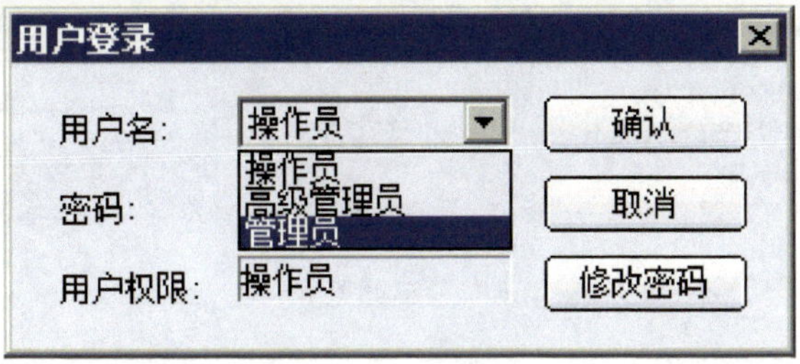

图 10-35　用户登录选择界面

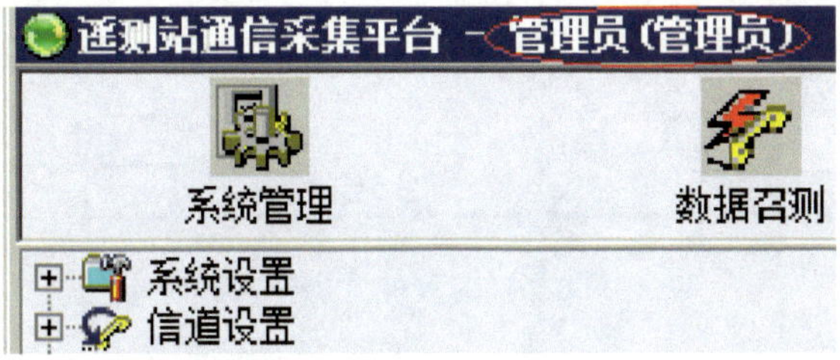

图 10-36　管理员权限确认界面

5）点击【对时/复位】，如图 10-37 所示。

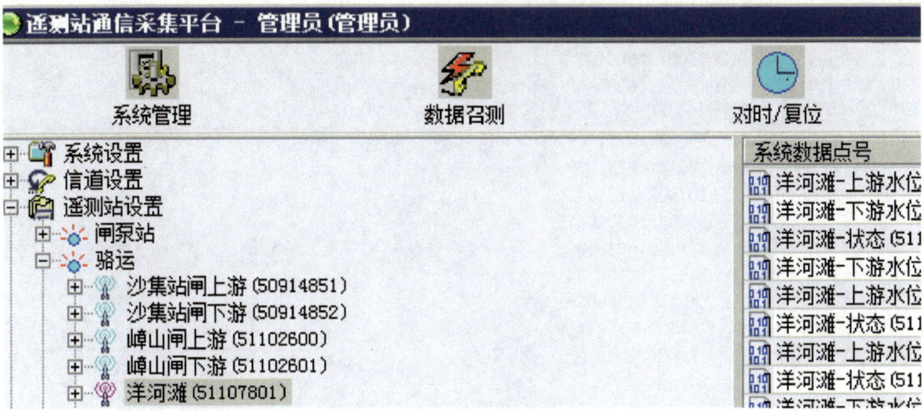

图 10-37　对时复位选择界面

6）命令发送设置：选择 GPRS HD(COM100)。GPRS HD(COM100)代表使用本机时间对测站进行设置，如图 10-38 所示。

7）在遥测站列表内选择需对时测站，如图 10-39 所示。

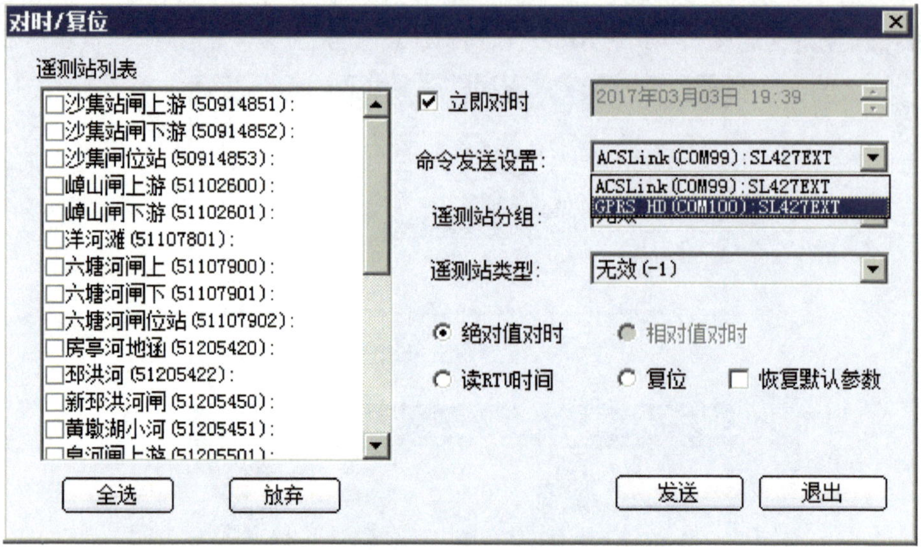

图 10-38　对时复位信道选择界面

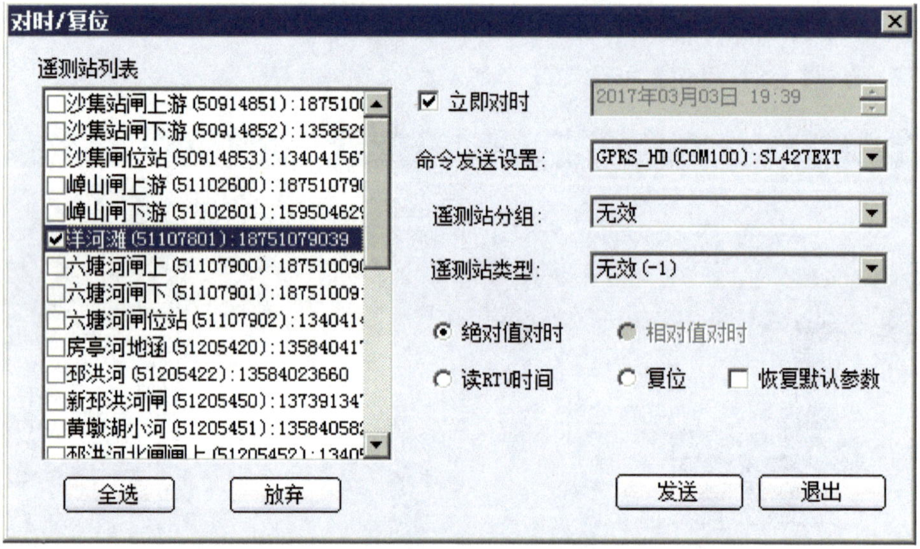

图 10-39　对时复位测站选择界面

8）待对时测站自报实时数据收到后，点击【发送】。

9）发送后查看对时结果，如图 10-40 所示。

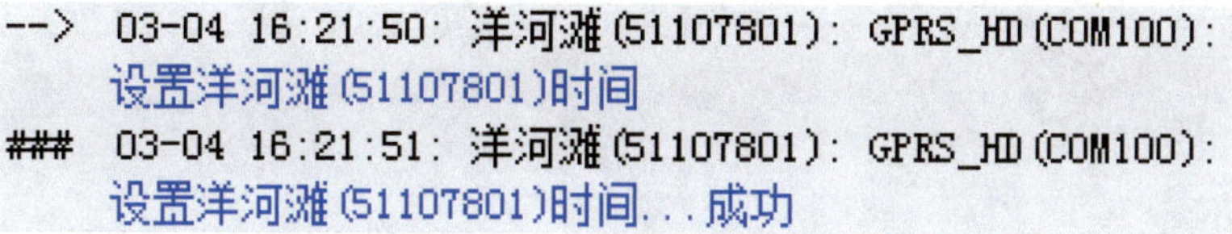

图 10-40　对时结果显示界面

图 10-40 代表对时成功，再等待下个来数确认后即完成操作。

2. 自动对时

点击【遥测站设置】，勾选“定时对时”，如图 10-41 所示。

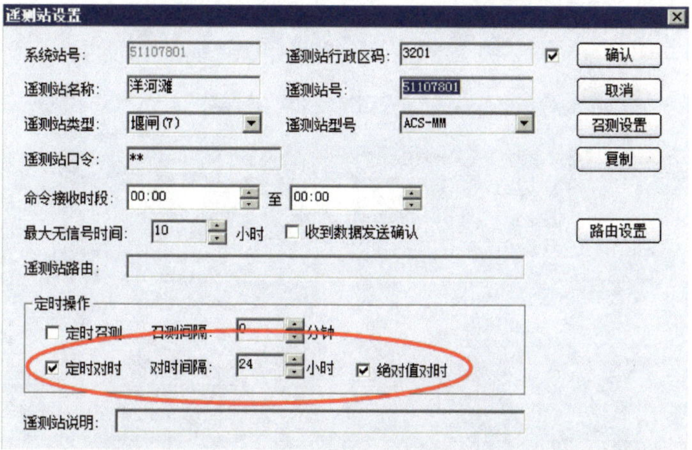

图 10-41　遥测自动定时对时设置界面

10.2.1.2　召测补数

1. 按照遥测站通信采集平台手动对时前五步设置，完成信息显示界面设置及用户登录。

2. 点击【数据召测】，如图 10-42 所示。

3. 命令发送设置：选择 GPRS HD(COM100)，如图 10-43 所示。

4. 水位数据召测

1）召测参数设置按图 10-44 标注顺序进行。

测站上下游共用 1 个 RTU，当召测上游数据时，设置固态存储数据参数编号为“1”，召测下游数据时，设置固态存储数据参数编号为“2”；测站上下游不共用 1 个 RTU，当召测水位数据时，设置固态存储数据参数编号为“1”。

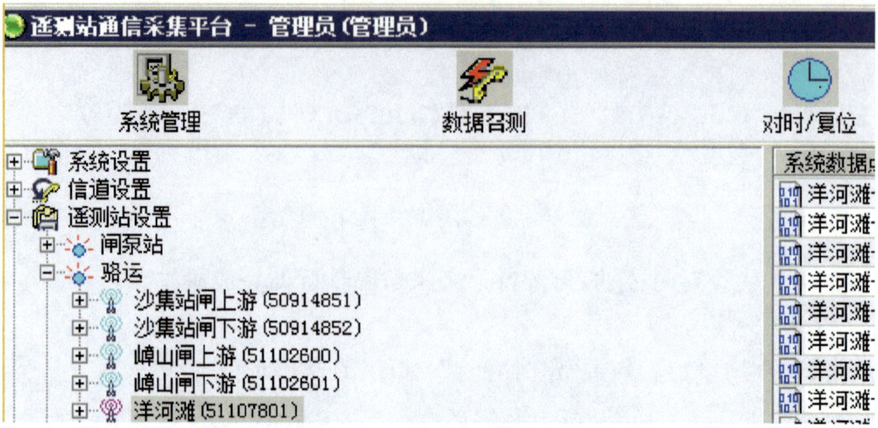

图 10-42　数据召测选择界面

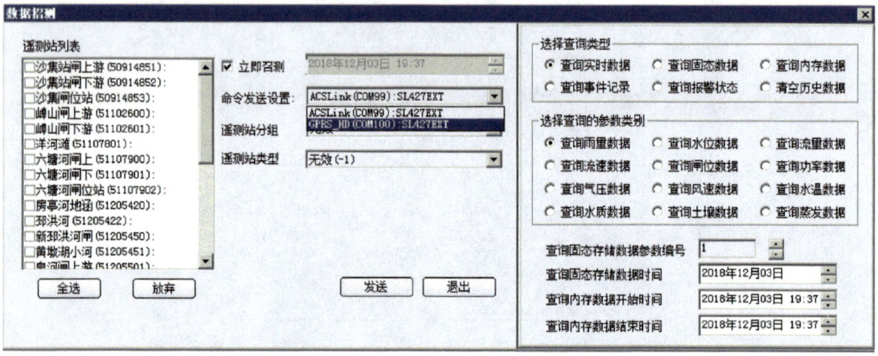

图 10-43　数据召测信道选择界面

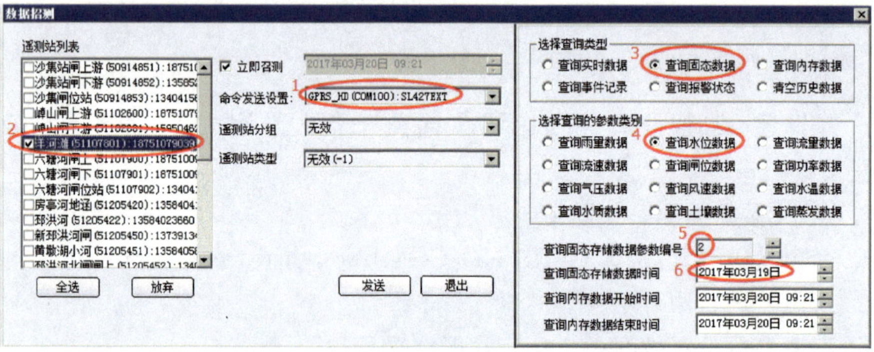

图 10-44　水位数据召测参数设置界面

查询固态存储数据时间设置为 2017 年 3 月 19 日表示召测时段为 2017 年 3 月 19 日 8 时—2017 年 3 月 20 日 8 时。

2）点击【发送】，完成发送界面如图 10-45 所示。

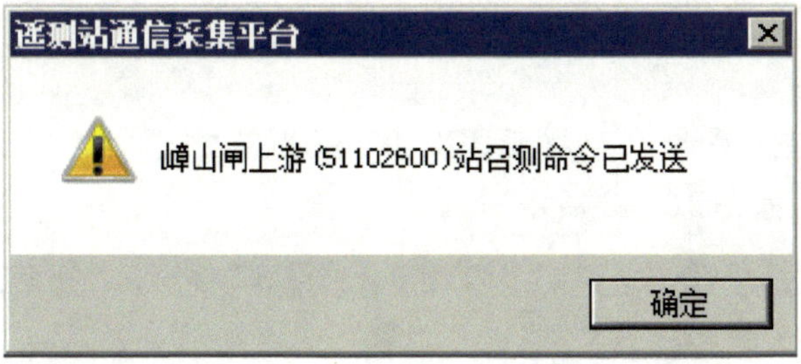

图 10-45　召测发送完成界面

3）召测来数回显，如图 10-46 所示。

图 10-46　召测来数回显界面

5. 雨量数据召测

召测参数设置按图 10-47 标注顺序进行。

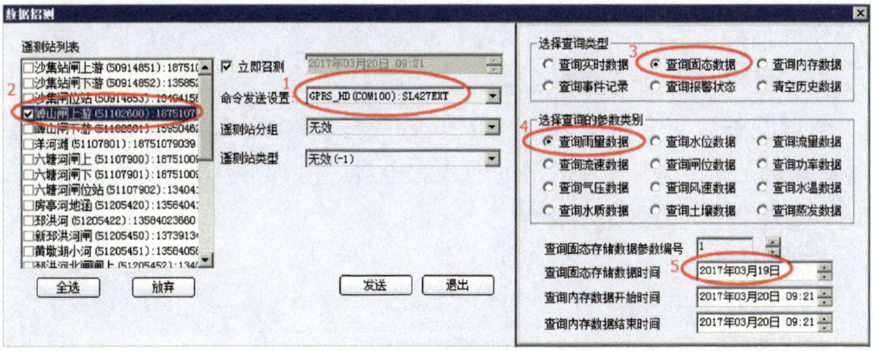

图 10-47　雨量数据召测参数设置界面

遥测站列表选择：测站 RTU 分上下游时，遥测站列表勾选雨量传感器接入的站名。

10.2.1.3 查询 GPRS 通讯状态

在分中心接收平台上查看 GPRS 状态，当测站图标全显示为绿色时代表 GPRS 通信正常，如图 10-48 所示。

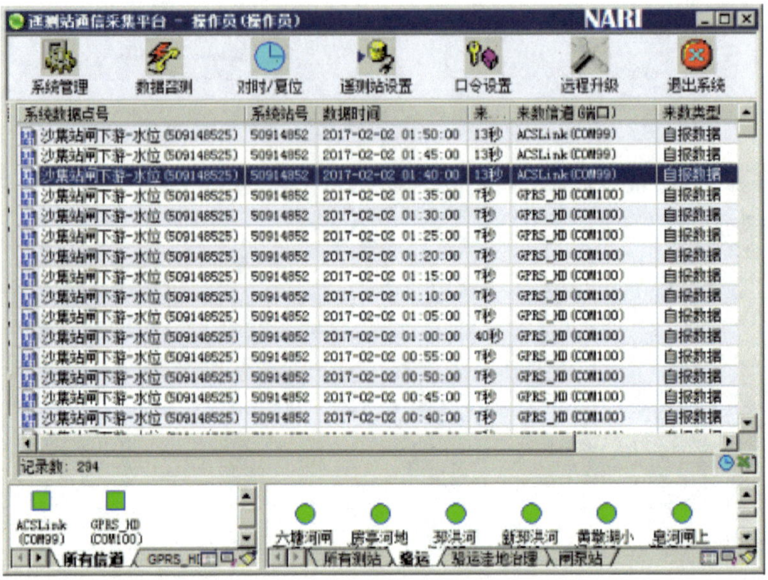

图 10-48　查询 GPRS 通信状态界面

10.2.2 设备维护

1. 硬件维护

1）保证机房卫生及温湿度要求。

2）清理服务器灰尘需使用专用吸尘器。使用吸尘器时，要特别注意不要触碰服务器前面板上开关、按键及后部的网线和电源，并留心地面的接线插头等。

3）检查电源及 UPS 是否正常。

2. 软件维护

1）定期做好备份工作。

2）操作系统由专人定期检查，按需要打补丁。

3）检查存储空间、网络连接是否正常；防火墙设置是否有效；口令保密，不定期修改。

10.2.3　故障排除

1. 无任何自报数据

通信信道来数不正常：一般可以看到分中心平台软件右下栏测站出现非绿色图标，再查看相应测站来数信道，确定备用信道也不传数后，可能是专线费用到期需充值续费或是专线故障，需立即上报省局并联系移动和电信客服经理查明情况，尽快恢复。

2. 遥测数据未入库

检查数据库是否打开，网络是否连通。

3. 数据交换至省数据库异常

重启数据交换系统。

4. 分中心平台出错或停止运行

关闭 ACSCOMM. EXE 程序后重新打开再次运行，如无响应，启动任务管理器，结束映像名称为“ACSCOMM. EXE ＊32”的进程，再重新打开程序。

5. 分中心平台反应迟钝

检查“ACSCOMM. MDB”文件大小，我处正常在 100MB 左右，如果超过 200MB，退出 ACSCOMM 程序，备份好“ACSCOMM. MDB”后使用 Microsoft Office Access 打开“ACSCOMM. MDB”文件，点击菜单项下【管理】内【压缩和修复数据库】，完成后重新启动“ACSCOMM. EXE”程序；若文件大小正常，联系软件开发商。

6. 服务器面板和背部指示灯异常

确定硬盘、电源、风扇、网络设备等故障，应及时更换，如遇交流电停电，需检查备用交流线路是否正常工作，否则应查看 UPS 工作状态，尽快恢复交流供电，保证机房正常供电。

7. 计算机感染病毒、中木马

应立即断开网络，并采用专杀工具或升级杀毒软件及时消除，确认清除后，方可恢复。

10.3　巡检

10.3.1　日巡

1. 清理妨碍传感器正常工作的其他阻碍物，如雨量承雨器内的树枝、树叶等杂物。

2. 检查系统软件的运行情况、校正分中心遥测数据采集平台时钟。

3. 检查分中心呼叫各遥测终端站的控制操作。

4. 检查分中心与各测站的通信情况。

5. 检查分中心与省中心网络状况。

6. 检查各测站数据采集、数据入库、电源电压等情况。

7. 认真做好检查记录，填写记录表格(见附录 D)，尤其是对于检查到的任何不正常情况应详细记录，作为下一步系统检查和维修的重要依据。

10.3.2 月巡

1. 每月对测站各设备做详细检查。

2. 检查 RTU 工作情况，测量电流、电压。

3. 检查蓄电池电压，清理电极上的污物。

4. 检查各设备间的导线、电缆、螺栓等连接情况。

5. 检查各测站避雷设备和接地情况，测量接地电阻。

6. 认真做好检查记录，填写记录表格(见附录 E)。

10.3.3 年巡

1. 一般应在每年汛前进行遥测系统全面检查。

2. 进行各测站与分中心通信线路的测试。

3. 对所有导线、电缆、接地进行直观检查和加固。

4. 检查线路的保护、屏蔽、接地装置。

5. 整理所有警示指示和标识。

6. 整理各种记录，装订归档。

7. 认真做好检查记录，填写记录表格(见附录 F)。

附录 A

______站声学多普勒流速仪流量测验记载表

日期：			天气：			风力风向：	
流量测次：			测船：			计算机名：	
开始时间：			结束时间：			平均时间：	
流速仪型号：			固件版本：			软件版本：	
GPS 型号：			罗经型号：			测深仪型号：	
数据文件路径：				配置文件名称：			
探头入水深：		设置的盲区：		深度单元尺寸：		深度单元数：	
合盐度：		水跟踪脉冲数：		底跟踪脉冲数：		幂指数$\bar{b}$：	
测回	航向	水边距离(m)		数据文件名	半测回流量(m^3/s)	测回平均流量(m^3/s)	备注
		L	R				

测验结果

测验项目	测回 1		测回 2		测回 3		测次平均
	往测	返测	往测	返测	往测	返测	
断面流量(m^3/s)							
断面面积(m^2)							
平均流速(m/s)							
最大流速(m/s)							
平均水深(m)							
最大水深(m)							
水面宽(m)							
开始水位：		结束水位：		平均水位：		相应水位：	
备注：							

操作记录：　　　　现场审查：　　　　审定：

附录 B

遥测数据采集平台操作单

项目名称			分中心/省中心	
申请人			审批人	
	站名		站码	
	增加 □　删除 □　修改 □		站码确认	
	采集要素			
事由	详述：			
操作人			操作时间	
操作前状态				
操作记录				
操作后状态				
			确认签字：	

附录 C

测站遥测故障处理登记表

站　　点	
开始时间	
完成时间	
处理情况	
运维人员	
备　　注	

附录 D

水情分中心日常检查表

年　　月　　日

项目		检查情况	处理情况
8 时报文收发及报表制作网页发布情况检查	8 时报文		
	8 时报表制作		
	报表网页发布		
	8 时水情信息微信发布		
系统软件运行情况检查	水情交换		
	数据交换		
	采集平台		
	遥测报汛		
	手机报汛		
软件系统及服务器故障情况记录			
备注			

检查人：

附录 E

______站遥测终端设施设备定期检查表

检查人		检查日期
置数仪	指示灯	
	接线	
	显示器	
	按键	
	水位数值	
浮子式水位计	水位显示	
	水位数值	
	钢丝绳打滑情况	
	轮盘转动	
	接头处	
	外筒表面	
	固定螺丝	
翻斗式雨量计	承雨器	
	防虫网	
	漏斗	
	翻斗	
	集水罐	
	排水孔	
	圆水平泡	
	干簧管	
	雨量计数值	
蓄电量	电压	
	接线柱	
	漏液情况	
	外观	
太阳能	电压	
	表面	
	接线处	
	上方遮挡情况	
通信模块	指示灯	
	接线处	
通信模块	指示灯	
	接线处	
接地	接地线	
	接线处	
	接地电阻	

附录 F

江苏省水文水资源勘测局水情自动测报系统(　　年)汛后

________(分中心)________遥测站巡检维护记录表

巡检时间：________年________月________日________时

一、测站基本情况						
测站名称				测站 8 位站码		
测站地址						
测站联系人				电话		
分中心配合人员				电话		
测站经纬度	经度			纬度		
二、设备及参数						
数据采集器	序列号			版本号		
总体参数						
系统工作模式		数据自报种类	雨量(　)	水位(　)	自动补数	
系统默认 ID 设置	电压		温度		充电状态	
传感器参数及模块						
雨量	厂家型号		物理接口			
	传感器号	分辨率		基值		
水位计 1	厂家型号		物理接口		协议	
	传感器号	分辨率		基值		
	SDI 总线地址	预热时间		自报间隔		
水位计 2	厂家型号		物理接口		协议	
	传感器号	分辨率		基值		
	SDI 总线地址	预热时间		自报间隔		
蓄电池	厂家型号	开路电压				
太阳能电池	厂家型号	开路电压		浮充状态		
通信参数及模块						
通信密码		信道串口速率		信道类型		
GPRS DTU	程序版本			手机卡号		
	移动服务设置	接入点名称				
	DTU 设置	控制台信息类型		DTU 标识		

GPRS DTU	通道 1	DSC IP 地址		通信端口
	信号强度			
	程序版本		手机卡号	
	移动服务设置	PPP 用户名	PPP 密码	
CDMA DTU	DTU 设置	控制台信息类型	DTU 标识	
	通道 1	DSC IP 地址		通信端口
	信号强度			

三、功能测试

数据显示	人工置数仪		设置软件	
状态显示	人工置数仪		设置软件	
测试	主信道		备信道	
自报	主信道		备信道	
召测	主信道		备信道	
对时	主信道			

四、维护记录

设备检查及维护						
太阳能板		雨量计外观			电池盒	
机箱		模块			线标	
水位计外观		水位校核			线缆线管	
雨量校核	模拟雨量		实际记录雨量		地阻(Ω)	
故障排查及更换						
名称	是否故障		故障原因			是否更换
数据采集器						
充电控制器						
GPRS DTU						
CDMA DTU						
人工置数仪						
雨量计						
水位计 1						
水位计 2						
蓄电池						
太阳能电池						

五、图片记录

太阳能板		雨量计		水位计	
机箱		线标			
室内全景		外部全景			

巡检负责人： 分中心负责人：